コレなら解ける！無線工学の計算問題

第一級陸上特殊無線技士国家試験

計算問題突破塾

なあんだ，
そうなんだ！

第2集

こうすればむずかしい計算問題もスラスラ解ける！！

吉村和昭　著

$$F = 1 + \frac{T_e}{T_0}$$

$$G_{dB} = 10 \log_{10} \frac{P_0}{P}$$

$$d \fallingdotseq 3.57(\sqrt{h_1} + \sqrt{h_2})$$

$$G_a = G_b + 2.15$$

$$j = \sqrt{-1}$$

$$R = \frac{r}{N-1}$$

$$R = (N-1)r$$

$$E = \frac{7\sqrt{G_a P}}{d}$$

$$N = 1 + \frac{R}{r}$$

東京電機大学出版局

はじめに

　無線従事者の資格は，「総合無線従事者3資格」，「海上無線従事者8資格」，「航空無線従事者2資格」，「陸上無線従事者6資格」，「アマチュア無線従事者4資格」の計23資格があります．23資格のうち，9資格が特殊無線技士です．そのうち第一級陸上特殊無線技士（一陸特）の国家試験の受験申請者数は，年間約1万人で特殊無線技士の中で最も人気の高い資格ですが，その合格率は約30数％と厳しくなっています．

　一陸特国家試験の科目は「無線工学」と「法規」の2科目で，無線工学で出題されている全24問のうち，計算問題が概ね6問出題されています．

　筆者は10年以上一陸特の国家試験対策の講習会講師を担当していて，無線工学の計算問題6問のうち，4～5問の正答を得ることができれば合格の確率が大きく増える傾向にあることを経験していますが，一陸特国家試験の受験者には文科系出身の方も多く含まれ，計算問題に苦手意識を持っておられる方もおられるようです．

　しかし，計算問題のほとんどはその数値が異なる場合はありますが，過去問題からの出題ですので，一度理解してしまうと暗記事項が少ない分だけ楽になり，確実に得点できるとも云えます．ただ，一陸特の国家試験は電卓を使用することができませんので，同じ過去問題を複数回，自分で手を動かして解き，理解できない部分をはっきりさせて最後まであきらめないで計算してみることが重要だと思います．

　本書は最近の一陸特の計算問題を厳選して収録し，その解法の途中過程を省略することなく記述しています．

　本書が，皆様の一陸特国家試験の受験の参考になれば幸いです．

2020年8月

筆者しるす

CONTENTS

本書の使い方

　一陸特国家試験　無線工学の計算問題は，計算が複雑なものを含めて，概ね6問出題されますが，計算問題を解く上で大切なことは，その問題の正答を得るためには，どんなことが「ヒント」になっていてどの「公式」を使えば解くことができるかを知ることです．

　そこで，本書では第1部として過去に出題された国家試験の計算問題を収録しており，問題ごとに「問題を解くヒント！」と「使う公式」を紹介しています．

　これらを踏まえて「一般的な解き方！」よりその問題の解法を身に付けてください．問題によってはもっと簡単に解くことができる「簡易な解き方！」の紹介やその問題に関連した「参考」も紹介しています．

　また，問題を解くためのポイントなどは所々に登場するマスコットキャラクターが教えてくれますので，楽しく学習することができます．

　次に，第2部として一陸特に必要な公式集を紹介しています．本書に収録している問題以外にも一陸特を目指す上でぜひ知っておきたい公式も紹介していますので，併せて学習することをお勧めします．また，意外に忘れがちな「計算法則」や「分数計算」などの数学の基礎も紹介しています．

　計算問題の学習は何度も繰り返して解法を身に付けることが肝要ですので，本書を活用し，繰り返し問題にチャレンジしてください．

受験の手引き

実施時期 毎年2月，6月，10月

申請時期 2月の試験は，12月1日から12月20日まで

6月の試験は，4月1日から4月20日まで

10月の試験は，8月1日から8月20日まで

試験手数料 6,300円

申請方法 公益財団法人日本無線協会（以下，「協会」という.）のホームページ（https://www.nichimu.or.jp/）からインターネットを利用して申請します．パソコンからの他，スマートフォンからの申請も可能です．

申請時に提出する写真 デジタルカメラなどで撮影した顔写真を試験申請に際してアップロード（登録）します．受験の際には，顔写真の持参は不要です．

インターネットによる申請 インターネットを利用して申請手続きを行うときの流れを次に示します．

① 協会のホームページから「無線従事者国家試験申請システム」にアクセスします．

② 「試験情報」画面から申請する国家試験の資格を選択します．

③ 「試験申請書作成」画面から住所，氏名などを入力し送信します．

④ 「申請完了」画面が表示されるので，画面の指示にしたがって，コンビニエンスストア又はペイジー（金融機関ATMやインターネットバンキング）によって試験手数料を支払います．

受験票の送付 受験票は電子メールにより送付されます．受験の際には，自身で印刷して試験会場へ持参します．

試験結果の通知 試験会場で知らされる試験結果の発表日以降になると，協会の結果発表のホームページで試験結果を確認することができます．また，試験結果通知書も結果発表のホームページでダウンロードすることができます．

最新の国家試験問題 最近行われた国家試験問題と解答（直近の過去3回分）は，協会のホームページからダウンロードすることができますので，試験の実施前に，前回出題された試験問題をチェックするとよいでしょう．また，受験した国家試験問題は持ち帰れますので，試験終了後に発表される協会のホームページの解答によって，自己採点してあらかじめ合否を確認することができます．

第一級陸上特殊無線技士

なあんだ，
そうなんだ！

こうすればむずかしい計算問題も
スラスラ解ける！！

コレなら解ける！無線工学の計算問題

第1部
計算問題を解く

$$Z_0 = 138 \log_{10} \frac{D}{d}$$

$$Ga = Gb + 2.15$$

$$N = kTBF$$

$$Z_0 = 277 \log_{10} \frac{2D}{d}$$

$$T = \frac{1}{f}$$

$$N = 1 + \frac{R}{r}$$

1 基礎理論の計算問題を解く

ブリッジ回路の合成抵抗値を求める問題

図に示す回路において，端子ab 間の合成抵抗の値として，正しいものを下の番号から選べ．ただし，$R_1=80$ 〔Ω〕，$R_2=8$ 〔Ω〕，$R_3=2$ 〔Ω〕，$R_4=3$ 〔Ω〕，$R_5=4$ 〔Ω〕，$R_6=18$ 〔Ω〕，$R_7=27$ 〔Ω〕とする．

1　　2〔Ω〕
2　　6〔Ω〕
3　　10〔Ω〕
4　　16〔Ω〕
5　　23〔Ω〕

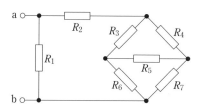

（1）$R_3 \sim R_7$ の抵抗で構成される回路は，ブリッジ回路で平衡していることに注目する．ブリッジ回路が平衡しているとき，真ん中の抵抗R_5を取り外す（無視する）ことができる．
（2）抵抗の直並列計算を使って計算する．

📖 使う公式

（1）抵抗R_1〔Ω〕と抵抗R_2〔Ω〕の直列合成抵抗R_S〔Ω〕は，次式で表される．
　　$R_S=R_1+R_2$〔Ω〕　　　　　　　　　　　　　　……①
（2）抵抗R_1〔Ω〕と抵抗R_2〔Ω〕の並列合成抵抗R_P〔Ω〕は，次式で表される．

2

$$R_P = \cfrac{1}{\cfrac{1}{R_1} + \cfrac{1}{R_2}} = \frac{R_1 \times R_2}{R_1 + R_2}\,[\Omega] \qquad\qquad \cdots\cdots ②$$

(3) 抵抗 $R_1[\Omega]$，抵抗 $R_2[\Omega]$，抵抗 $R_3[\Omega]$ の並列合成抵抗 $R_P[\Omega]$ は，次式で表される．

$$R_P = \cfrac{1}{\cfrac{1}{R_1} + \cfrac{1}{R_2} + \cfrac{1}{R_3}}\,[\Omega] \qquad\qquad \cdots\cdots ③$$

> 抵抗が 3 個以上並列に接続される場合は，式③ を使うよ．抵抗が 2 個のときは，式② が便利だね．

(4) 図 1.1 のブリッジ回路において，平衡条件 $R_A R_D = R_B R_C$ を満たしているとき，a 点と b 点の電圧は等しくなる．

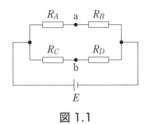

図 1.1

一般的な解き方！

回路の右側の $R_3 = 2\,[\Omega]$，$R_4 = 3\,[\Omega]$，$R_5 = 4\,[\Omega]$，$R_6 = 18\,[\Omega]$，$R_7 = 27\,[\Omega]$ の 5 本の抵抗で構成されている部分のブリッジ回路は，

$$R_3 R_7 = 2 \times 27 = 54\,[\Omega]$$
$$R_4 R_6 = 3 \times 18 = 54\,[\Omega]$$

であるので，

$$R_3 R_7 = R_4 R_6$$

となる．よって，このブリッジ回路は平衡しており，図 1.2 に示すように，抵抗 R_5 を取り外す（無視する）ことができる．

図 1.2 の破線部分の合成抵抗を $R_{cd}[\Omega]$ とすると，

$$R_{cd} = \frac{(R_3 + R_6) \times (R_4 + R_7)}{(R_3 + R_6) + (R_4 + R_7)} = \frac{(2 + 18) \times (3 + 27)}{(2 + 18) + (3 + 27)}$$

$$= \frac{20 \times 30}{20 + 30} = \frac{600}{50} = 12\,[\Omega]$$

端子 ab 間の合成抵抗を $R_{ab}[\Omega]$ とすると，

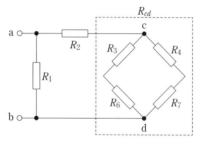

図1.2

$$R_{ab} = \frac{R_1 \times (R_2 + R_{cd})}{R_1 + (R_2 + R_{cd})} = \frac{80 \times (8 + 12)}{80 + (8 + 12)} = \frac{80 \times 20}{80 + 20}$$

$$= \frac{1{,}600}{100} = 16 \text{ 〔Ω〕}$$

となる.

正答 4

例題-2 ブリッジ回路の合成抵抗値を求める問題

図に示す回路において，端子ab 間の合成抵抗の値が12 〔Ω〕であるとき，抵抗R_1の値として，正しいものを下の番号から選べ．ただし，R_2=6 〔Ω〕，R_3=2 〔Ω〕，R_4=3 〔Ω〕，R_5=4 〔Ω〕，R_6=18 〔Ω〕，R_7=27 〔Ω〕とする.

1 18 〔Ω〕

2 24 〔Ω〕

3 30 〔Ω〕

4 36 〔Ω〕

5 48 〔Ω〕

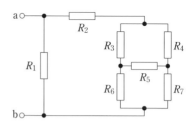

 問題を解くヒント！

「例題−1」と考え方は同じだが，この問題では抵抗R_1を求める.

使う公式

(1)「例題−1」の合成抵抗を求める公式を使う.

(2)「例題−1」の平衡条件の公式を使う.

> 「例題−1」の回路と見た目が違うけど, $R_3 \sim R_7$ の抵抗で構成される回路はどっちも同じブリッジ回路だよ.

一般的な解き方！

回路の右側の $R_3 = 2$〔Ω〕, $R_4 = 3$〔Ω〕, $R_5 = 4$〔Ω〕, $R_6 = 18$〔Ω〕, $R_7 = 27$〔Ω〕の5本の抵抗で構成されている部分のブリッジ回路は,

$$R_3 R_7 = 2 \times 27 = 54 \text{〔Ω〕}$$

$$R_4 R_6 = 3 \times 18 = 54 \text{〔Ω〕}$$

であるので,

$$R_3 R_7 = R_4 R_6$$

となる.よって,このブリッジ回路は平衡しており,**図 1.3** に示すように,抵抗 R_5 を取り外す（無視する）ことができる.

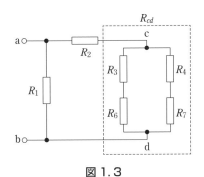

図 1.3

図 1.3 の破線部分の合成抵抗を R_{cd}〔Ω〕とすると,

$$R_{cd} = \frac{(R_3 + R_6) \times (R_4 + R_7)}{(R_3 + R_6) + (R_4 + R_7)} = \frac{(2 + 18) \times (3 + 27)}{(2 + 18) + (3 + 27)}$$

$$= \frac{20 \times 30}{20 + 30} = \frac{600}{50} = 12 \text{〔Ω〕}$$

端子ab間の合成抵抗を R_{ab}〔Ω〕とすると,

$$R_{ab} = \frac{R_1 \times (R_2 + R_{cd})}{R_1 + (R_2 + R_{cd})} = \frac{R_1 \times (6 + 12)}{R_1 + (6 + 12)} = \frac{18 R_1}{R_1 + 18} \text{〔Ω〕} \qquad \cdots\cdots (1)$$

題意より,端子ab間の合成抵抗（＝式(1)）が 12〔Ω〕であるので,次式が成立する.

$$\frac{18R_1}{R_1+18}=12 \qquad \cdots\cdots (2)$$

式(2) より,

$$18R_1 = 12(R_1+18) \qquad \cdots\cdots (3)$$

式(3) の両辺を6で割ると,

$$3R_1 = 2(R_1+18) \qquad \cdots\cdots (4)$$

式(4) より,

$$3R_1 = 2R_1+36$$

よって,

$$R_1 = 36 \,(\Omega)$$

となる.

$\dfrac{a}{b}=c$ は, $a=bc$ だよ.

正答 4

例題-3 平衡状態にあるブリッジ回路の抵抗の両端の電圧値を求める問題

図に示す直流ブリッジ回路が平衡状態にあるとき，抵抗R_x〔Ω〕の両端の電圧V_xの値として，正しいものを下の番号から選べ．

1　8.0〔V〕

2　7.2〔V〕

3　6.0〔V〕

4　4.0〔V〕

5　1.5〔V〕

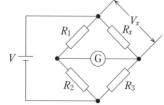

直流電源電圧：$V=12$〔V〕

抵抗：$R_1=300$〔Ω〕

$R_2=200$〔Ω〕

$R_3=800$〔Ω〕

G：検流計

問題を解くヒント！

直流ブリッジ回路が平衡状態にあるとき，検流計Gに電流は流れない．

使う公式

(1)「例題-1」の平衡条件の公式を使う．

(2) 電流をI〔A〕，電圧をV〔V〕，抵抗をR〔Ω〕とすると，オームの法則より次式が成立する．

$$I=\frac{V}{R}\,(\mathrm{A}) \qquad , \qquad V=IR\,(\mathrm{V}) \qquad , \qquad R=\frac{V}{I}\,(\Omega)$$

一般的な
解き方！

直流ブリッジ回路が平衡状態にあるとき，検流計 G を取り外す（無視する）ことができ，次式が成立する．

$$R_1 R_3 = R_2 R_x \qquad\qquad \cdots\cdots (1)$$

式(1) より，

$$R_x = \frac{R_1 R_3}{R_2} = \frac{300 \times 800}{200} = 300 \times 4 = 1,200 \ [\Omega] \qquad \cdots\cdots (2)$$

直流電源電圧が $V = 12$ [V] なので，R_x [Ω] と R_3 [Ω] の直列部分を流れる電流 I [A] は，オームの法則より，

$$I = \frac{V}{R_x + R_3} = \frac{12}{1,200 + 800} = \frac{12}{2,000} = \frac{3}{500} \ [A] \qquad \cdots\cdots (3)$$

よって，R_x [Ω] の両端の電圧 V_x [V] は，オームの法則より，

$$V_x = I R_x = \frac{3}{500} \times 1,200 = \frac{3}{5} \times 12 = \frac{36}{5} = 7.2 \ [V]$$

となる．

正答 2

例題－4 平衡状態にあるブリッジ回路の抵抗を流れる電流値を求める問題

図に示す回路において，R_5 を流れる電流 I_5 が 0 [A] のとき，R_3 を流れる電流 I_3 の値として，正しいものを下の番号から選べ．ただし，R_1 に流れる電流 I_1 は 3.6 [mA] とし，$R_1 = 1.2$ [kΩ]，$R_3 = 4.8$ [kΩ] とする．

1　0.4 [mA]
2　0.9 [mA]
3　1.8 [mA]
4　3.6 [mA]
5　14.4 [mA]

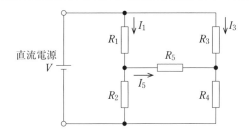

 問題を解く
ヒント！

抵抗 R_5 を流れる電流 I_5 が 0 [A] ということは，ブリッジ回路が平衡していることを示しているので，抵抗 R_5 を取り外す（無視する）ことができる．

使う公式

「例題－3」のオームの法則を使う.

一般的な解き方！

抵抗R_5を流れる電流I_5が0〔A〕のとき，**図1.4**のようにR_5を取り外す（無視する）ことができ，a点の電圧とb点の電圧は等しくなる.

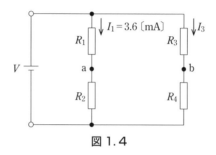

図1.4

$R_1 = 1.2$〔kΩ〕$= 1.2 \times 10^3$〔Ω〕に流れる電流が$I_1 = 3.6$〔mA〕$= 3.6 \times 10^{-3}$〔A〕なので，R_1の両端の電圧V_1〔V〕は，オームの法則より，

$$V_1 = I_1 R_1 = 3.6 \times 10^{-3} \times 1.2 \times 10^3 = 4.32 \text{〔V〕}$$

$R_3 = 4.8$〔kΩ〕$= 4.8 \times 10^3$〔Ω〕の両端の電圧V_3とV_1は等しいので，R_3を流れる電流I_3〔A〕は，オームの法則より，

$$I_3 = \frac{V_3}{R_3} = \frac{V_1}{R_3} = \frac{4.32}{4.8 \times 10^3} = 0.9 \times 10^{-3} \text{〔A〕} = 0.9 \text{〔mA〕}$$

となる.

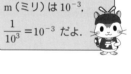

k（キロ）は10^3,
m（ミリ）は10^{-3},
$\dfrac{1}{10^3} = 10^{-3}$ だよ.

正答2

図に示す回路において，R_5を流れる電流I_5が0〔A〕のとき，R_1を流れる電流I_1の値として，正しいものを下の番号から選べ．ただし，R_3に流れる電流I_3は2.7〔mA〕とし，$R_1 = 1.4$〔kΩ〕，$R_3 = 5.6$〔kΩ〕とする．

1   2.7〔mA〕
2   5.4〔mA〕
3   8.1〔mA〕
4   10.8〔mA〕
5   21.6〔mA〕

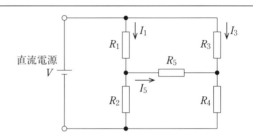

 問題を解くヒント！

「例題-4」と考え方は同じだが，この問題では電流I_1を求める．

使う公式

「例題-3」のオームの法則を使う．

一般的な解き方！

抵抗R_5を流れる電流I_5が0〔A〕のとき，**図1.5**のようにR_5を取り外す（無視する）ことができ，a点の電圧とb点の電圧は等しくなる．

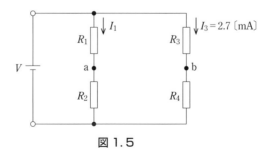

図1.5

$R_3 = 5.6$〔kΩ〕$= 5.6 \times 10^3$〔Ω〕に流れる電流が$I_3 = 2.7$〔mA〕$= 2.7 \times 10^{-3}$〔A〕なので，R_3の両端の電圧V_3〔V〕は，オームの法則より，

$$V_3 = I_3 R_3 = 2.7 \times 10^{-3} \times 5.6 \times 10^3 = 15.12 \ \text{(V)}$$

$R_1 = 1.4 \ \text{(k}\Omega\text{)} = 1.4 \times 10^3 \ \text{(}\Omega\text{)}$の両端の電圧$V_1$と$V_3$は等しいので，$R_1$を流れる電流$I_1$〔A〕は，オームの法則より，

$$I_1 = \frac{V_1}{R_1} = \frac{V_3}{R_1} = \frac{15.12}{1.4 \times 10^3} = 10.8 \times 10^{-3} \ \text{(A)} = 10.8 \ \text{(mA)}$$

となる．

正答 4

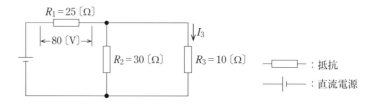

例題-6 直並列接続された回路中の抵抗に流れる電流値を求める問題

図に示す抵抗R_1，R_2及びR_3の回路において，R_1の両端の電圧が80〔V〕であるとき，R_3を流れる電流I_3の値として，正しいものを下の番号から選べ．

1 0.8〔A〕
2 1.6〔A〕
3 1.9〔A〕
4 2.4〔A〕
5 2.8〔A〕

$R_1 = 25 \ \text{(}\Omega\text{)}$
$\leftarrow 80 \ \text{(V)} \rightarrow$ $\downarrow I_3$
$R_2 = 30 \ \text{(}\Omega\text{)}$ $R_3 = 10 \ \text{(}\Omega\text{)}$

▭ ：抵抗
─┤├─ ：直流電源

問題を解くヒント！

回路を流れる電流（R_1を流れる電流）を計算し，R_3を流れる分岐電流I_3を求める．

使う公式

(1) 「例題-3」のオームの法則を使う．

(2) 図1.6において，回路電流がI〔A〕のとき，分岐電流I_1〔A〕とI_2〔A〕は，次式で表される．

$$I_1 = I \times \frac{R_2}{R_1 + R_2} \ \text{(A)}$$

$$I_2 = I \times \frac{R_1}{R_1 + R_2} \ \text{(A)}$$

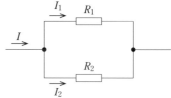

図1.6

一般的な
解き方！

　抵抗R_1の両端の電圧を$V_1=80$〔V〕とすると，$R_1=25$〔Ω〕を流れる電流I_1〔A〕は，オームの法則より，

$$I_1 = \frac{V_1}{R_1} = \frac{80}{25} = \frac{16}{5} \text{〔A〕}$$

　よって，$R_3=10$〔Ω〕を流れる電流I_3〔A〕は，

$$I_3 = I_1 \times \frac{R_2}{R_2+R_3} = \frac{16}{5} \times \frac{30}{30+10} = \frac{16}{5} \times \frac{30}{40} = \frac{12}{5} = 2.4 \text{〔A〕}$$

となる．

正答 4

例題−7 直並列接続された回路中の抵抗に流れる電流値を求める問題

　図に示す回路において，端子ab間に直流電圧を加えたところ，端子cd間に11.2〔V〕の電圧が現れた．16〔Ω〕の抵抗に流れる電流Iの値として，正しいものを下の番号から選べ．

1　1.5〔A〕
2　1.2〔A〕
3　0.9〔A〕
4　0.6〔A〕
5　0.4〔A〕

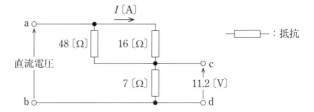

問題を解く
ヒント！

　48〔Ω〕の抵抗と16〔Ω〕の抵抗の並列合成抵抗の両端の電圧を計算し，16〔Ω〕の抵抗に流れる電流Iを求める．

使う公式

（1）「例題−1」の合成抵抗を求める公式を使う．
（2）「例題−3」のオームの法則を使う．

一般的な
解き方！

7〔Ω〕の抵抗に流れる電流（＝回路を流れる電流）をI_T〔A〕とすると，cd間の電圧が11.2〔V〕なので，オームの法則より，

$$I_T = \frac{11.2}{7} = 1.6 \, \text{〔A〕} \qquad\qquad \cdots\cdots (1)$$

48〔Ω〕と16〔Ω〕の並列合成抵抗をR_P〔Ω〕とすると，

$$R_P = \frac{16 \times 48}{16 + 48} = \frac{768}{64} = 12 \, \text{〔Ω〕} \qquad\qquad \cdots\cdots (2)$$

ac間の電圧（＝R_Pの両端の電圧）をV_{ac}〔V〕とすると，式(1)と式(2)より，

$$V_{ac} = I_T R_P = 1.6 \times 12 = 19.2 \, \text{〔V〕} \qquad\qquad \cdots\cdots (3)$$

よって，16〔Ω〕の抵抗に流れる電流I〔A〕は，オームの法則より，

$$I = \frac{V_{ac}}{16} = \frac{19.2}{16} = 1.2 \, \text{〔A〕}$$

となる．

正答 2

例題−8 **直並列接続された回路の直流電源電圧値を求める問題**

> 図に示す抵抗R_1，R_2及びR_3の回路において，R_3を流れる電流I_3が1.5〔A〕であるとき，直流電源電圧Vの値として，正しいものを下の番号から選べ．

1　59.5〔V〕
2　62.5〔V〕
3　68.0〔V〕
4　78.0〔V〕
5　93.5〔V〕

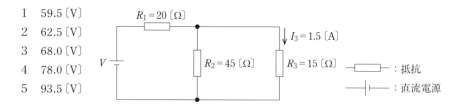

問題を解く
ヒント！

抵抗R_1を流れる電流I_1は，抵抗R_2に流れる電流I_2と抵抗R_3を流れる電流I_3の和に等しい．

使う公式

(1)「例題－3」のオームの法則を使う.

(2)「例題－6」の分岐電流を求める公式を使う.

一般的な解き方!

抵抗$R_3=15$〔Ω〕の両端の電圧をV_3〔V〕とすると，$I_3=1.5$〔A〕なので，オームの法則より，

$$V_3 = I_3R_3 = 1.5 \times 15 = 22.5 \text{〔V〕} \qquad \cdots\cdots (1)$$

抵抗$R_2=45$〔Ω〕の両端の電圧V_2とR_3の両端の電圧V_3は等しいので，R_2を流れる電流I_2〔A〕は，オームの法則より，

$$I_2 = \frac{V_2}{R_2} = \frac{V_3}{R_2} = \frac{22.5}{45} = 0.5 \text{〔A〕} \qquad \cdots\cdots (2)$$

抵抗R_1を流れる電流I_1〔A〕は，I_2とI_3の和であるので，

$$I_1 = I_2 + I_3 = 0.5 + 1.5 = 2 \text{〔A〕} \qquad \cdots\cdots (3)$$

$R_1=20$〔Ω〕の両端の電圧V_1〔V〕は，オームの法則より，

$$V_1 = I_1R_1 = 2 \times 20 = 40 \text{〔V〕} \qquad \cdots\cdots (4)$$

よって，直流電源電圧V〔V〕は，式(1)と式(4)より，

$$V = V_1 + V_3 = 40 + 22.5 = 62.5 \text{〔V〕}$$

となる.

正答 2

例題－9 直並列接続された回路の両端の電圧値を求める問題

　図に示す回路において，端子ab間に直流電圧を加えたところ，7.0〔Ω〕の抵抗に1.5〔A〕の電流が流れた. 端子ab間に加えられた電圧の値として，正しいものを下の番号から選べ.

1　12〔V〕
2　15〔V〕
3　19〔V〕
4　24〔V〕
5　28〔V〕

(1) 7〔Ω〕の抵抗の両端の電圧と3〔Ω〕の抵抗の両端の電圧は同じである.

(2) 7〔Ω〕の抵抗に流れる電流と3〔Ω〕の抵抗に流れる電流の和から3.5〔Ω〕の抵抗に流れる電流を計算し,その両端の電圧を求める.

「例題-3」のオームの法則を使う.

一般的な解き方!

7〔Ω〕の抵抗の両端の電圧 V_7〔V〕は,オームの法則より,

$$V_7 = 7 \times 1.5 = 10.5 \text{〔V〕} \qquad \cdots\cdots (1)$$

3〔Ω〕の抵抗の両端の電圧 V_3〔V〕は,7〔Ω〕の抵抗の両端の電圧 V_7 と同じ10.5〔V〕であるので,3〔Ω〕の抵抗に流れる電流 I_3〔A〕は,オームの法則より,

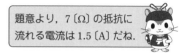

題意より,7〔Ω〕の抵抗に流れる電流は1.5〔A〕だね.

$$I_3 = \frac{V_3}{3} = \frac{V_7}{3} = \frac{10.5}{3} = 3.5 \text{〔A〕} \qquad \cdots\cdots (2)$$

3.5〔Ω〕の抵抗には,1.5 + 3.5 = 5〔A〕の電流が流れるので,その両端の電圧 $V_{3.5}$〔V〕は,オームの法則より,

$$V_{3.5} = 5 \times 3.5 = 17.5 \text{〔V〕} \qquad \cdots\cdots (3)$$

よって,端子ab間に加えられた電圧 V_{ab}〔V〕は,式(1)と式(3)より,

$$V_{ab} = V_{3.5} + V_7 = 17.5 + 10.5 = 28 \text{〔V〕}$$

となる.

正答 5

例題−10 同規格の二つの電圧源に接続された抵抗に流れる電流値を求める問題

図に示す回路において，4〔Ω〕の抵抗に流れる電流の値として，最も近いものを下の番号から選べ．

1 1.5〔A〕
2 2.0〔A〕
3 3.0〔A〕
4 4.0〔A〕
5 5.5〔A〕

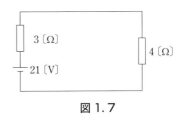

問題を解く **ヒント！**

2個の電圧源が同じ規格であることに注目する（2個の電圧源の規格が相違する問題もあるので注意）．

使う公式

(1)「例題−3」のオームの法則を使う．
(2) 同じ規格の電圧源が2個並列接続されている場合，電圧は同じだが，内部抵抗は半分になる．

一般的な解き方！

電圧が21〔V〕，抵抗値が6〔Ω〕の直流電源が並列に接続されているので，問題図は，**図1.7**のように書き換えることができる．

よって，4〔Ω〕の抵抗に流れる電流を I〔A〕とすると，オームの法則より，

$$I = \frac{21}{3+4} = \frac{21}{7} = 3 \text{〔A〕}$$

となる．

図 1.7

正答 3

例題－11 二つの電圧源に接続された抵抗に流れる電流値を求める問題

図に示す回路において，9〔Ω〕の抵抗に流れる電流の値として，最も近い
ものを下の番号から選べ．

1 1.5〔A〕
2 1.2〔A〕
3 1.0〔A〕
4 0.5〔A〕
5 0.2〔A〕

4〔Ω〕　12〔Ω〕　9〔Ω〕
16〔V〕　24〔V〕

　　　：直流電源
　　　：抵抗

問題を解くヒント！

(1) キルヒホッフの法則で解く場合，右回りの電流をプラスとして方程式を立てる．
(2) ミルマンの定理で解く場合，電圧源を電流源に変換する．

使う公式

(1) キルヒホッフの法則を使う．

キルヒホッフの法則には，「電流則」と「電圧則」がある．

・**キルヒホッフの電流則**

回路の接続点に流れ込む電流と流れ出す電流の和は0になる．
ただし，接続点に流れ込む方向をプラス，流れ出す方向をマイ
ナスとする．**図1.8**においては，

$$I_1 - I_2 - I_3 = 0$$

となる．

図1.8

・**キルヒホッフの電圧則**

任意の閉回路において，起電力の和は電圧降下の和に等し
い．**図1.9**においては，

$$V_1 + V_2 = R_1 I_1 + R_2 I_2$$

となる．

図1.10の回路に示すように，閉回路の電流を決めるとき，
右回りをプラスに決めるとわかりやすい．

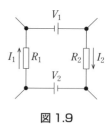

図1.9

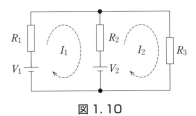

図 1.10

I_1 ループにおいて，起電力の和は $V_1 - V_2$ となり，R_1 に流れる電流は I_1 のみ，R_2 に流れる電流は電流 I_1 と電流 I_2 の差の $I_1 - I_2$ となるので，次式が成立する．

$$V_1 - V_2 = R_1 I_1 + R_2 (I_1 - I_2) \qquad \cdots\cdots ①$$

I_2 ループにおいて，起電力は V_2 のみ，R_3 に流れる電流は I_2 のみ，R_2 に流れる電流は電流 I_2 と電流 I_1 の差の $I_2 - I_1$ となるので，次式が成立する．

$$V_2 = R_3 I_2 + R_2 (I_2 - I_1) \qquad \cdots\cdots ②$$

式①と式②の連立方程式を解けば I_1 と I_2 が求まり，各抵抗に流れる電流がわかる．

(2) ミルマンの定理を使う．

図 1.11 のように，複数の電源と抵抗が並列に接続されている回路の端子電圧 V_{ab} を簡単に求める手法がミルマンの定理である．

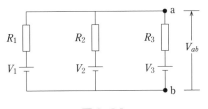

図 1.11

端子電圧 V_{ab} は，次式で表される．

$$V_{ab} = \frac{\dfrac{V_1}{R_1} + \dfrac{V_2}{R_2} + \dfrac{V_3}{R_3}}{\dfrac{1}{R_1} + \dfrac{1}{R_2} + \dfrac{1}{R_3}} \qquad \cdots\cdots ①$$

ここで，式①を証明する．電圧源表示された**図 1.11** を**図 1.12** のような電流源表

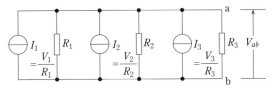

図 1.12

示に書き換えることができる.

図1.12の三つの電流源I_1, I_2, I_3を一つにまとめた電流をIとすると,次式が成立する.

$$I = I_1 + I_2 + I_3 = \frac{V_1}{R_1} + \frac{V_2}{R_2} + \frac{V_3}{R_3} \qquad \cdots\cdots ②$$

三つの抵抗R_1, R_2, R_3の並列合成抵抗をRとすると,次式が成立する.

$$R = \frac{1}{\dfrac{1}{R_1} + \dfrac{1}{R_2} + \dfrac{1}{R_3}} \qquad \cdots\cdots ③$$

式②と式③の値で電流源表示すると,**図1.13**のようになる.

よって,**図1.13**の端子電圧V_{ab}は,オームの法則より,次式で表される.

$$V_{ab} = IR \qquad \cdots\cdots ④$$

式④に式②と式③を代入して**図1.11**のab間の電圧V_{ab}を求めると,次式のようになる.

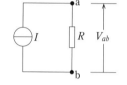

図1.13

$$V_{ab} = IR = \frac{\dfrac{V_1}{R_1} + \dfrac{V_2}{R_2} + \dfrac{V_3}{R_3}}{\dfrac{1}{R_1} + \dfrac{1}{R_2} + \dfrac{1}{R_3}} \qquad \cdots\cdots ⑤$$

電源は三つである必要はなく,いくつでもいいよ.電池の極性が逆になっているときは,マイナス記号を付けて計算するよ.

・キルヒホッフの法則を使った解き方

図1.14のように,電流I_1〔A〕,電流I_2〔A〕が右回りに流れていると仮定すると,I_1ループでは次式が成立する.

$$16 - 24 = 4I_1 + 12(I_1 - I_2) \qquad \cdots\cdots (1)$$

式(1)を整理すると,

$$-8 = 16I_1 - 12I_2 \qquad \cdots\cdots (2)$$

次に,I_2ループでは次式が成立する.

$$24 = 9I_2 + 12(I_2 - I_1) \qquad \cdots\cdots (3)$$

式(3)を整理すると,

$$24 = -12I_1 + 21I_2 \qquad \cdots\cdots (4)$$

式(2)より,I_1を求めると,

$$I_1 = \frac{12I_2 - 8}{16} = \frac{3I_2 - 2}{4} \qquad \cdots\cdots (5)$$

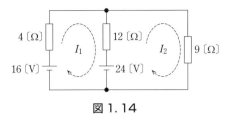

図1.14

式(5)を式(4)に代入すると，

$$24 = -12 \times \frac{3I_2 - 2}{4} + 21I_2 = -9I_2 + 6 + 21I_2 = 12I_2 + 6 \quad \cdots\cdots (6)$$

式(6)より，

$$12I_2 = 24 - 6 = 18$$

よって，

$$I_2 = \frac{18}{12} = 1.5 \, [A]$$

となる．

・ミルマンの定理を使った解き方

図1.15のab間の電圧をV_{ab} [V]とすると，ミルマンの定理より，

$$V_{ab} = \frac{\dfrac{V_1}{R_1} + \dfrac{V_2}{R_2}}{\dfrac{1}{R_1} + \dfrac{1}{R_2} + \dfrac{1}{R_3}} = \frac{\dfrac{16}{4} + \dfrac{24}{12}}{\dfrac{1}{4} + \dfrac{1}{12} + \dfrac{1}{9}}$$

$$= \frac{\dfrac{16 \times 3 + 24}{12}}{\dfrac{9 + 3 + 4}{36}} = \frac{\dfrac{72}{12}}{\dfrac{16}{36}} = \frac{6}{\dfrac{4}{9}}$$

$$= 6 \times \frac{9}{4} = \frac{27}{2} \, [V]$$

よって，抵抗R_3に流れる電流I_3 [A]は，オームの法則より，

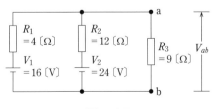

図1.15

$$I_3 = \frac{V_{ab}}{R_3} = \frac{\dfrac{27}{2}}{9} = \frac{27}{2} \times \frac{1}{9} = \frac{3}{2} = 1.5 \text{〔A〕}$$

となる.

正答 1

 参 考

(1) 定電圧源

理想的な定電圧源は外部に接続する抵抗の値が変化しても，端子電圧が一定の電源である．しかし，実際の電圧源は内部抵抗R_Sを持っており，図1.16(a)のように表す．

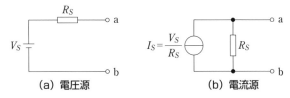

図1.16　電圧源と電流源

(2) 定電流源

定電流源は外部に接続する抵抗の値が変化しても，端子電流が一定の電源である．理想的な定電流源の内部抵抗は無限大であるが，実際の電流源では電流源に並列に抵抗R_Sを接続し図1.16(b)のように表す．図1.16(a)(b)の内部抵抗を持つ電圧源と電流源は，端子abから見たとき，互いに同じ働きをする回路に変換することができる．図1.16(a)(b)の回路で，「内部抵抗が等しいこと」「開放電圧が等しいこと又は短絡電流が等しいこと」の性質を持つとき，これらの回路は互いに等価であるという．

(3) 電圧源と電流源の等価変換

電圧源を電流源に変換する例を図1.17に示す．電流源の抵抗は電圧源の抵抗と同じ10〔Ω〕で，電流値は電圧源の値からオームの法則で求め，20/10＝2〔A〕になる．

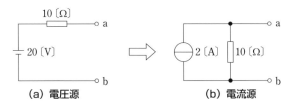

図1.17　電圧源を電流源に変換する例

電流源を電圧源に変換する例を**図1.18**に示す．電圧源の抵抗は電流源の抵抗と同じ15〔Ω〕で，電圧値は電流源の値からオームの法則で求め，0.2×15＝3〔V〕になる．

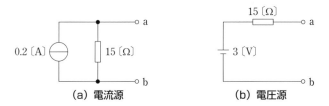

(a) 電流源　　　　　　　　　(b) 電圧源

図1.18　電流源を電圧源に変換する例

例題－12 直並列接続された回路中の抵抗の消費電力値を求める問題

図に示す回路において，36〔Ω〕の抵抗の消費電力の値として，正しいものを下の番号から選べ．

1　6〔W〕
2　9〔W〕
3　12〔W〕
4　16〔W〕
5　24〔W〕

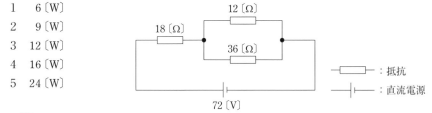

💡 **問題を解く ヒント！**

36〔Ω〕の抵抗に流れる電流，または両端の電圧を求める．

📖 **使う公式**

(1)「例題－1」の合成抵抗を求める公式を使う．

(2)「例題－3」のオームの法則を使う．

(3)「例題－6」の分岐電流を求める公式を使う．

(4) 抵抗R〔Ω〕に電流I〔A〕が流れ，両端の電圧がV〔V〕であるとき，消費電力P〔W〕は，次式で表される．

$$P = VI \text{〔W〕}$$

(5) 抵抗R〔Ω〕に流れる電流をI〔A〕とすると，消費電力P〔W〕は，次式で表される．

$$P = I^2R \text{〔W〕}$$

(6) 抵抗R〔Ω〕の両端の電圧をV〔V〕とすると，消費電力P〔W〕は，次式で表される．

$$P = \frac{V^2}{R} \ \text{〔W〕}$$

一般的な解き方！

$R_1 = 18$〔Ω〕，$R_2 = 12$〔Ω〕，$R_3 = 36$〔Ω〕とすると，回路の全抵抗R_T〔Ω〕は，

$$R_T = R_1 + \frac{R_2 \times R_3}{R_2 + R_3} = 18 + \frac{12 \times 36}{12 + 36} = 18 + \frac{432}{48} = 18 + 9 = 27 \ \text{〔Ω〕}$$

直流電源を$V = 72$〔V〕とすると，回路を流れる電流I_T〔A〕は，オームの法則より，

$$I_T = \frac{V}{R_T} = \frac{72}{27} = \frac{8}{3} \ \text{〔A〕}$$

R_3に流れる電流I〔A〕は，

$$I = I_T \times \frac{R_2}{R_2 + R_3} = \frac{8}{3} \times \frac{12}{12 + 36} = \frac{8}{3} \times \frac{12}{48} = \frac{2}{3} \ \text{〔A〕}$$

$R_3 = 36$〔Ω〕の両端の電圧をV〔V〕とすると，

$$V = 72 - 18 \times I_T = 72 - 18 \times \frac{8}{3} = 72 - 48 = 24 \ \text{〔V〕}$$

よって，消費電力をP〔W〕とすると，

$$P = VI = 24 \times \frac{2}{3} = 16 \ \text{〔W〕}$$

となる．

簡易的な解き方！

$R_3 = 36$〔Ω〕に流れる電流が$I = \dfrac{2}{3}$〔A〕であるので，「使う公式(5)」より，消費電力P〔W〕は，

$$P = I^2 R_3 = \left(\frac{2}{3}\right)^2 \times 36 = \frac{4 \times 36}{9} = 16 \ \text{〔W〕}$$

となる．

また，$R_3 = 36$〔Ω〕の両端の電圧が$V = 24$〔V〕であるので，「使う公式(6)」より，消費電力P〔W〕は，

$$P = \frac{V^2}{R_3} = \frac{24^2}{36} = \frac{576}{36} = 16 \ \text{〔W〕}$$

となる．

 正答 4

例題−13 交流電源に接続された負荷抵抗の消費電力を最大にする抵抗値を求める問題

図に示すように，起電力Eが100〔V〕で内部抵抗がrの交流電源に，負荷抵抗R_Lを接続したとき，R_Lで消費される電力の最大値（有能電力）が10〔W〕であった．このときのR_Lの値として，正しいものを下の番号から選べ．

1   1,000〔Ω〕
2   750〔Ω〕
3   500〔Ω〕
4   350〔Ω〕
5   250〔Ω〕

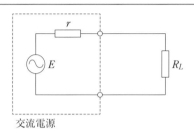

交流電源

 問題を解く
ヒント！

電源の内部抵抗rと負荷抵抗R_Lが等しいとき，負荷に供給できる電力は最大になる．

📖 使う公式

(1) 「例題−3」のオームの法則を使う．

(2) 「例題−12」の消費電力を求める公式を使う．

(3) 起電力がE〔V〕で内部抵抗がr〔Ω〕の電源に負荷抵抗R_L〔Ω〕が接続されているとき，R_Lに最大電力を供給する条件は，$R_L=r$であり，最大電力P_{max}〔W〕は，次式で表される．

$$P_{max} = \frac{E^2}{4r} = \frac{E^2}{4R_L} \text{〔W〕}$$

✏️ 一般的な
解き方！

起電力をE〔V〕，内部抵抗をr〔Ω〕，負荷抵抗をR_L〔Ω〕とすると，回路を流れる電流I〔A〕は，オームの法則より，次式で表される．

$$I = \frac{E}{r+R_L} \text{〔A〕}$$

抵抗rと負荷抵抗R_Lは
直列接続だよ．

負荷抵抗R_Lで消費する電力P〔W〕は，次式で表される．

$$P = I^2 R_L = \left(\frac{E}{r+R_L}\right)^2 \times R_L = \frac{R_L}{(r+R_L)^2} E^2 \text{〔W〕}$$

$R_L = r$ のとき，R_L で消費する電力が最大となるので，最大電力 P_{max}〔W〕は，次式で表される．

$$P_{max} = \frac{R_L}{(R_L + R_L)^2} E^2 = \frac{R_L}{(2R_L)^2} E^2 = \frac{R_L}{4R_L^2} E^2 = \frac{E^2}{4R_L} \text{〔W〕} \qquad \cdots\cdots (1)$$

式(1) を変形して，負荷抵抗 R_L〔Ω〕を求めると，$E = 100$〔V〕，$P_{max} = 10$〔W〕なので，

$$R_L = \frac{E^2}{4P_{max}} = \frac{100^2}{4 \times 10} = \frac{10,000}{40} = 250 \text{〔Ω〕}$$

となる．

正答 5

例題－14 *RL* 直列回路のコイルのリアクタンスの値を求める問題

図に示す直列回路において消費される電力の値が 250〔W〕であった．このときのコイルのリアクタンス X_L〔Ω〕の値として，正しいものを下の番号から選べ．

1　13〔Ω〕
2　16〔Ω〕
3　21〔Ω〕
4　28〔Ω〕
5　36〔Ω〕

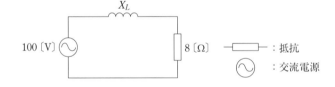

問題を解く ヒント！

電力は抵抗のみで消費し，コイルでは消費しない．

使う公式

(1)「例題－3」のオームの法則を使う．
(2)「例題－12」の消費電力を求める公式を使う．
(3) R〔Ω〕の抵抗とリアクタンス X_L〔Ω〕のコイルの直列回路のインピーダンスの大きさ Z〔Ω〕は，次式で表される．
$$Z = \sqrt{R^2 + X_L^2} \text{〔Ω〕}$$

R〔Ω〕の抵抗とリアクタンス X_L〔Ω〕のコイルの直列回路のインピーダンスの大きさ Z〔Ω〕は，次式で表される．

$$Z = \sqrt{R^2 + X_L{}^2} \ 〔\Omega〕 \qquad\qquad \cdots\cdots (1)$$

電源電圧を V〔V〕とすると，回路を流れる電流の大きさ I〔A〕は，次式で表される．

$$I = \frac{V}{Z} = \frac{V}{\sqrt{R^2 + X_L{}^2}} \ 〔A〕 \qquad\qquad \cdots\cdots (2)$$

電力 P〔W〕は抵抗だけで消費されるので，次式が成立する．

$$P = I^2 R = \left(\frac{V}{\sqrt{R^2 + X_L{}^2}}\right)^2 R = \frac{V^2 R}{R^2 + X_L{}^2} \ 〔W〕 \qquad \cdots\cdots (3)$$

式(3)に，$R = 8$〔Ω〕，$V = 100$〔V〕，$P = 250$〔W〕を代入して X_L〔Ω〕を求めると，

$$250 = \frac{100^2 \times 8}{8^2 + X_L{}^2} \qquad\qquad \cdots\cdots (4)$$

式(4)より，

$$250(8^2 + X_L{}^2) = 100^2 \times 8$$
$$250(8^2 + X_L{}^2) = 80,000 \qquad\qquad \cdots\cdots (5)$$

式(5)の両辺を 250 で割ると，

$$8^2 + X_L{}^2 = 320$$
$$X_L{}^2 = 320 - 8^2 = 320 - 64 = 256$$

よって，

$$X_L = \sqrt{256} = \sqrt{16^2} = 16 \ 〔\Omega〕$$

となる．

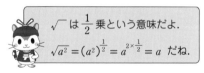

$\sqrt{\ }$ は $\dfrac{1}{2}$ 乗という意味だよ．

$\sqrt{a^2} = (a^2)^{\frac{1}{2}} = a^{2 \times \frac{1}{2}} = a$ だね．

正答 2

例題-15 RC直列回路のコンデンサのリアクタンスの値を求める問題

図に示す直列回路において消費される電力の値が300〔W〕であった. このときのコンデンサのリアクタンス X_C 〔Ω〕の値として, 正しいものを下の番号から選べ.

1 4〔Ω〕
2 8〔Ω〕
3 12〔Ω〕
4 16〔Ω〕
5 24〔Ω〕

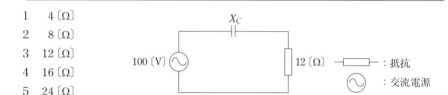

 問題を解くヒント!

電力は抵抗のみで消費し, コンデンサでは消費しない.

> 抵抗とコイルの直列回路の場合も抵抗とコンデンサの直列回路の場合も考え方は同じだよ. 公式もそっくりだね.

📖 使う公式

(1) 「例題-3」のオームの法則を使う.

(2) 「例題-12」の消費電力を求める公式を使う.

(3) R 〔Ω〕の抵抗とリアクタンス X_C 〔Ω〕のコンデンサの直列回路のインピーダンスの大きさ Z 〔Ω〕は, 次式で表される.
$$Z = \sqrt{R^2 + X_C{}^2} \ 〔Ω〕$$

✏️ 一般的な解き方!

R 〔Ω〕の抵抗とリアクタンス X_C 〔Ω〕のコンデンサの直列回路のインピーダンスの大きさ Z 〔Ω〕は, 次式で表される.
$$Z = \sqrt{R^2 + X_C{}^2} \ 〔Ω〕 \qquad \cdots\cdots (1)$$

電源電圧を V 〔V〕とすると, 回路を流れる電流の大きさ I 〔A〕は, 次式で表される.

$$I = \frac{V}{Z} = \frac{V}{\sqrt{R^2 + X_C{}^2}} \ 〔A〕 \qquad \cdots\cdots (2)$$

電力 P 〔W〕は抵抗だけで消費されるので, 次式が成立する.

$$P = I^2 R = \left(\frac{V}{\sqrt{R^2 + X_C{}^2}} \right)^2 R = \frac{V^2 R}{R^2 + X_C{}^2} \ \text{[W]} \qquad \cdots\cdots (3)$$

式(3)に，$R = 12$〔Ω〕，$V = 100$〔V〕，$P = 300$〔W〕を代入して X_C〔Ω〕を求めると，

$$300 = \frac{100^2 \times 12}{12^2 + X_C{}^2} \qquad \cdots\cdots (4)$$

式(4)より，

$$300 \, (12^2 + X_C{}^2) = 100^2 \times 12$$

$$300 \, (12^2 + X_C{}^2) = 120{,}000 \qquad \cdots\cdots (5)$$

式(5)の両辺を300で割ると，

$$12^2 + X_C{}^2 = 400$$

$$X_C{}^2 = 400 - 12^2 = 400 - 144 = 256$$

よって，

$$X_C = \sqrt{256} = \sqrt{16^2} = 16 \ \text{〔Ω〕}$$

となる．

正答 4

例題−16 *RL* 直列回路の抵抗の両端の電圧値を求める問題

図に示す回路において，抵抗 R の両端の電圧の値として，最も近いものを下の番号から選べ．

1　20〔V〕
2　35〔V〕
3　50〔V〕
4　60〔V〕
5　75〔V〕

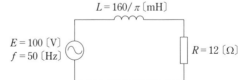

E：交流電源電圧　f：周波数　R：抵抗　L：インダクタンス

問題を解くヒント！

インダクタンスが L〔H〕のコイルに周波数 f〔Hz〕の交流電源電圧 E〔V〕を加えたときのコイルのリアクタンス X_L〔Ω〕は，$X_L = 2\pi f L$〔Ω〕となる．

使う公式

(1)「例題−3」のオームの法則を使う.

(2)「例題−14」の RL 直列回路のインピーダンスの大きさを求める公式を使う.

一般的な
解き方!

交流電源電圧を E〔V〕, 直列回路のインピーダンスの大きさを Z〔Ω〕, 流れる電流を I〔A〕, 抵抗を R〔Ω〕, コイルのリアクタンスを X_L〔Ω〕とすると, 次式が成立する.

$$E = IZ = I\sqrt{R^2 + X_L{}^2} \qquad \cdots\cdots (1)$$

周波数を f〔Hz〕, コイルのインダクタンスを L〔H〕とすると, コイルのリアクタンス X_L〔Ω〕は, 次式で表される.

$$X_L = 2\pi f L \text{〔Ω〕} \qquad \cdots\cdots (2)$$

式(2)に $f = 50$〔Hz〕, $L = 160/\pi$〔mH〕$= (160/\pi) \times 10^{-3}$〔H〕を代入すると,

$$X_L = 2\pi f L = 2\pi \times 50 \times \frac{160}{\pi} \times 10^{-3}$$

$$= 100 \times 160 \times 10^{-3}$$

$$= 16 \times 10^3 \times 10^{-3} = 16 \text{〔Ω〕} \qquad \cdots\cdots (3)$$

式(1)を変形して, I〔A〕を求めると, $E = 100$〔V〕, $R = 12$〔Ω〕, $X_L = 16$〔Ω〕なので,

$$I = \frac{E}{\sqrt{R^2 + X_L{}^2}}$$

$$= \frac{100}{\sqrt{12^2 + 16^2}} = \frac{100}{\sqrt{144 + 256}} = \frac{100}{\sqrt{400}} = \frac{100}{20} = 5 \text{〔A〕}$$

よって, 抵抗 R の両端の電圧を E_R〔V〕とすると, オームの法則より,

$$E_R = IR = 5 \times 12 = 60 \text{〔V〕}$$

となる.

 正答 4

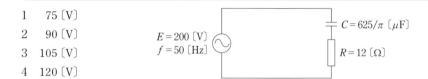

例題－17 *RC*直列回路の抵抗の両端の電圧値を求める問題

図に示す回路において，抵抗*R*の両端の電圧の値として，最も近いものを下の番号から選べ．

1 75 〔V〕

2 90 〔V〕

3 105 〔V〕

4 120 〔V〕

5 135 〔V〕

$E = 200$ 〔V〕
$f = 50$ 〔Hz〕
$C = 625/\pi$ 〔μF〕
$R = 12$ 〔Ω〕

E：交流電源電圧　f：周波数　R：抵抗　C：静電容量

問題を解く ヒント！

静電容量が C〔F〕のコンデンサに周波数 f〔Hz〕の交流電源電圧 E〔V〕を加えたときのコンデンサのリアクタンス X_C〔Ω〕は，$X_C = \dfrac{1}{2\pi f C}$〔$\Omega$〕となる．

使う公式

(1) 「例題－3」のオームの法則を使う．

(2) 「例題－15」の *RC* 直列回路のインピーダンスの大きさを求める公式を使う．

一般的な 解き方！

交流電源電圧を E〔V〕，直列回路のインピーダンスの大きさを Z〔Ω〕，流れる電流を I〔A〕，抵抗を R〔Ω〕，コンデンサのリアクタンスを X_C〔Ω〕とすると，次式が成立する．

$$E = IZ = I\sqrt{R^2 + X_C^2} \qquad \cdots\cdots (1)$$

周波数を f〔Hz〕，コンデンサの静電容量を C〔F〕とすると，コンデンサのリアクタンス X_C〔Ω〕は，次式で表される．

$$X_C = \frac{1}{2\pi f C} \text{〔Ω〕} \qquad \cdots\cdots (2)$$

式(2) に $f = 50$〔Hz〕，$C = 625/\pi$〔μF〕$= (625/\pi) \times 10^{-6}$〔F〕を代入すると，

$$X_C = \frac{1}{2\pi f C} = \frac{1}{2\pi \times 50} \times \frac{\pi}{625} \times 10^6$$

$$= \frac{1}{100} \times \frac{1}{625} \times 10^6$$

$$= \frac{1}{625} \times 10^{-2} \times 10^6 = \frac{10^4}{625} = 16 \ (\Omega) \qquad \cdots\cdots (3)$$

$$\frac{1}{C} = \frac{1}{\frac{625}{\pi} \times 10^{-6}} = \frac{\pi}{625} \times 10^6 \quad \text{だよ.}$$

式(1)を変形して，I〔A〕を求めると，$E = 200$〔V〕，$R = 12$〔Ω〕，$X_C = 16$〔Ω〕なので，

$$I = \frac{E}{\sqrt{R^2 + X_C{}^2}}$$

$$= \frac{200}{\sqrt{12^2 + 16^2}} = \frac{200}{\sqrt{144 + 256}} = \frac{200}{\sqrt{400}} = \frac{200}{20} = 10 \ (\text{A})$$

よって，抵抗 R の両端の電圧を E_R〔V〕とすると，オームの法則より，

$$E_R = IR = 10 \times 12 = 120 \ (\text{V})$$

となる.

正答 4

例題−18 *RLC* 直列回路に流れる電流値を求める問題

　図に示す回路において，交流電源電圧が 100〔V〕，抵抗 R が 16〔Ω〕，コンデンサのリアクタンス X_C が 15〔Ω〕及びコイルのリアクタンス X_L が 27〔Ω〕である．この回路に流れる電流の大きさの値として，正しいものを下の番号から選べ.

1　2.5〔A〕
2　3.0〔A〕
3　4.0〔A〕
4　5.0〔A〕
5　6.2〔A〕

$R = 16$〔Ω〕

100〔V〕　　　$X_L = 27$〔Ω〕

$X_C = 15$〔Ω〕

問題を解く ヒント！

　リアクタンス X_L〔Ω〕のコイルとリアクタンス X_C〔Ω〕のコンデンサが直列接続されているときの合成リアクタンスは，$X_L - X_C$〔Ω〕となる.

使う公式

(1)「例題－3」のオームの法則を使う.

(2) RLC 直列回路の抵抗を R〔Ω〕, コイルのリアクタンスを X_L〔Ω〕, コンデンサの リアクタンスを X_C〔Ω〕とすると, インピーダンスの大きさ Z〔Ω〕は, 次式で表される.

$$Z = \sqrt{R^2 + (X_L - X_C)^2} \ \text{〔Ω〕}$$

一般的な 解き方！

抵抗 $R = 16$〔Ω〕, コイルのリアクタンス $X_L = 27$〔Ω〕, コンデンサのリアクタンス $X_C = 15$〔Ω〕であるので, 回路のインピーダンスの大きさ Z〔Ω〕は,

$$Z = \sqrt{R^2 + (X_L - X_C)^2} = \sqrt{16^2 + (27-15)^2} = \sqrt{256 + 144} = \sqrt{400} = 20 \ \text{〔Ω〕}$$

よって, 交流電源電圧を $V = 100$〔V〕とすると, 回路を流れる電流の大きさ I〔A〕は, オームの法則より,

$$I = \frac{V}{Z} = \frac{100}{20} = 5 \ \text{〔A〕}$$

となる.

正答 4

例題－19 *RLC*直列共振回路の抵抗及びコンデンサの両端の電圧値を求める問題

> 図に示す直列共振回路において, R の両端の電圧 V_R 及び X_C の両端の電圧 V_{XC} の大きさの値の組合せとして, 正しいものを下の番号から選べ. ただし, 回路は, 共振状態にあるものとする.

	V_R	V_{XC}
1	50〔V〕	150〔V〕
2	50〔V〕	300〔V〕
3	100〔V〕	150〔V〕
4	100〔V〕	300〔V〕
5	100〔V〕	450〔V〕

$R = 20$〔Ω〕　X_C　$X_L = 60$〔Ω〕

$\leftarrow V_R \rightarrow$　$\leftarrow V_{XC} \rightarrow$

$V = 100$〔V〕

V：交流電源電圧
R：抵抗
X_C：容量リアクタンス
X_L：誘導リアクタンス

 **問題を解くヒント！**

(1) 回路が共振状態であることに注目する．

(2) 直列共振回路が共振しているときのインピーダンスは最小になる．

 使う公式

(1) 「例題−3」のオームの法則を使う．

(2) 回路が共振状態のとき，$X_L = X_C$ である．

(3) 「例題−18」の RLC 直列回路のインピーダンスの大きさを求める公式を使う．

一般的な解き方！

　題意より，回路が共振状態にあるので，$X_C = X_L = 60$〔Ω〕となる．回路が共振状態にあると，コイルとコンデンサの直列部分のリアクタンスは，$X_L - X_C = 0$ となり，回路のインピーダンスは抵抗 R だけとなる．

　したがって，$R = 20$〔Ω〕，$V = 100$〔V〕とすると，共振時に回路を流れる電流の大きさ I〔A〕は，オームの法則より，

$$I = \frac{V}{R} = \frac{100}{20} = 5 \,〔A〕$$

よって，$R = 20$〔Ω〕なので，R の両端の電圧 V_R〔V〕は，オームの法則より，

$$V_R = IR = 5 \times 20 = \underline{100} \,〔V〕$$

$X_C = 60$〔Ω〕なので，X_C の両端の電圧 V_{XC}〔V〕は，オームの法則より，

$$V_{XC} = IX_C = 5 \times 60 = \underline{300} \,〔V〕$$

 **正答 4**

例題−20 *RLC*並列共振回路の電源及びコンデンサに流れる電流値を求める問題

　図に示す並列共振回路において，交流電源から流れる電流 *I* 及び X_C に流れる電流 I_{XC} の大きさの値の組合せとして，正しいものを下の番号から選べ．ただし，回路は，共振状態にあるものとする．

	I	I_{XC}
1	4〔A〕	5〔A〕
2	3〔A〕	10〔A〕
3	3〔A〕	5〔A〕
4	2〔A〕	10〔A〕
5	2〔A〕	5〔A〕

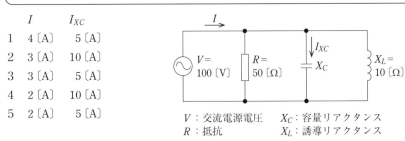

V：交流電源電圧　　X_C：容量リアクタンス
R：抵抗　　　　　　X_L：誘導リアクタンス

 問題を解く
ヒント！

(1) 回路が共振状態であることに注目する．

(2) コイルとコンデンサの並列回路が共振しているときのインピーダンスは無限大になる．

📖 使う公式

(1) 「例題−3」のオームの法則を使う．

(2) 回路が共振状態のとき，$X_L = X_C$ である．

(3) X_L〔Ω〕と X_C〔Ω〕の並列回路のリアクタンスは無限大になる．

✏️ 一般的な
解き方！

　題意より，回路が共振状態にあるので，$X_C = X_L = 10$〔Ω〕となる．

　したがって，$X_C = 10$〔Ω〕に流れる電流 I_{XC} の大きさは，交流電源電圧 $V = 100$〔V〕なので，オームの法則より，

$$I_{XC} = \frac{V}{X_C} = \frac{100}{10} = \underline{10}\,\text{〔A〕}$$

　また，回路が共振状態にあるので，$X_L = 10$〔Ω〕に流れる電流 I_L の大きさは，オームの法則より，

$$I_L = \frac{V}{X_L} = \frac{100}{10} = 10 \,\text{[A]}$$

V, I_{XC}, I_L の関係を図示すると, 図 1.19 のようになる.

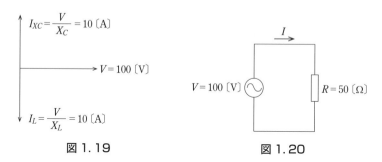

図 1.19   図 1.20

　すなわち, コイルに流れる電流 I_L の大きさとコンデンサに流れる電流 I_{XC} の大きさが同じで位相が逆になるため, 電流はゼロになりインピーダンスが無限大となるので, 図 1.20 のような抵抗 R だけの回路になる.

　よって, 交流電源から流れる電流 I の大きさは, $V = 100 \,\text{[V]}$, $R = 50 \,\text{[Ω]}$ なので, オームの法則より,

$$I = \frac{V}{R} = \frac{100}{50} = 2 \,\text{[A]}$$

正答 4

例題－21　RLC並列共振回路の抵抗及びコイルのリアクタンスの値を求める問題

　図に示す回路において, スイッチS_1のみを閉じたときの電流IとスイッチS_2のみを閉じたときの電流Iは, ともに 5 [A] であった. また, スイッチS_1とS_2の両方を閉じたときの電流Iは, 4 [A] であった. 抵抗R及びコイルLのリアクタンスX_Lの値の組合せとして, 正しいものを下の番号から選べ. ただし, 交流電源電圧Eは 90 [V] とする.

	R	X_L
1	11.2 [Ω]	15 [Ω]
2	18.0 [Ω]	30 [Ω]
3	22.5 [Ω]	30 [Ω]
4	18.0 [Ω]	45 [Ω]
5	22.5 [Ω]	45 [Ω]

C：コンデンサ

問題を解くヒント！

（1）コイルとコンデンサの並列回路が共振しているときのインピーダンスは無限大になる.

（2）回路が共振状態のとき，$X_L = X_C$ である.

使う公式

（1）「例題－3」のオームの法則を使う.

（2）スイッチ S_1 と S_2 の両方を閉じたとき，共振条件を満たしコイルとコンデンサ部分のインピーダンスは無限大になり，インピーダンスの大きさ Z〔Ω〕は，$Z = R$ となる.

一般的な解き方！

　スイッチ S_1 のみを閉じたときと，スイッチ S_2 のみを閉じたときに流れる電流は5〔A〕と等しいので，コイルのリアクタンスの大きさ X_L〔Ω〕とコンデンサのリアクタンスの大きさ X_C〔Ω〕が等しいことになる.

　スイッチ S_1 と S_2 の両方を閉じたとき，回路は共振状態にあり，$X_L = X_C$ になるので，コイルとコンデンサの並列部分のインピーダンスは無限大となり，**図 1.21** のように考えることができる.

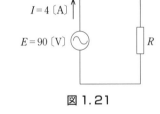

図 1.21

　図 1.21 より，抵抗 R〔Ω〕は，オームの法則より，

$$R = \frac{E}{I} = \frac{90}{4} = \underline{22.5}\,\text{〔Ω〕} \qquad \cdots\cdots (1)$$

　次に，スイッチ S_1 のみを閉じたとき，抵抗を流れる電流を I_R〔A〕，コイルを流れる電流を I_L〔A〕とすると，オームの法則より，

$$I_R = \frac{E}{R} = \frac{90}{22.5} = 4\,\text{〔A〕} \qquad \cdots\cdots (2)$$

$$I_L = \frac{E}{X_L} = \frac{90}{X_L}\,\text{〔A〕} \qquad \cdots\cdots (3)$$

　I_R と交流電源電圧 E には位相差がなく，I_L は E より位相が90°遅れる．これらを図示すると**図 1.22** のようになり，次式が成立する.

$$I^2 = I_R{}^2 + I_L{}^2 \qquad \cdots\cdots (4)$$

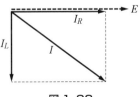

図 1.22

式(4)に数値を代入すると,

$$5^2 = 4^2 + \left(\frac{90}{X_L}\right)^2$$

$$5^2 - 4^2 = \left(\frac{90}{X_L}\right)^2$$

$5^2 - 4^2 = 25 - 16 = 9 = 3^2$ であるので,次式が成立する.

$$3^2 = \left(\frac{90}{X_L}\right)^2 \qquad \cdots\cdots (5)$$

$$3 = \frac{90}{X_L} \qquad \cdots\cdots (6)$$

式(6)より,X_L〔Ω〕は,

$$X_L = \frac{90}{3} = \underline{30} \text{ 〔Ω〕}$$

 正答3

例題－22　RLC並列共振回路の抵抗及びコンデンサのリアクタンスの値を求める問題

図に示す回路において,スイッチS_1のみを閉じたときの電流IとスイッチS_2のみを閉じたときの電流Iは,ともに5〔A〕であった.また,スイッチS_1とS_2の両方を閉じたときの電流Iは,3〔A〕であった.抵抗R及びコンデンサCのリアクタンスX_Cの値の組合せとして,正しいものを下の番号から選べ.ただし,交流電源電圧Eは90〔V〕とする.

	R	X_C
1	30〔Ω〕	11.2〔Ω〕
2	30〔Ω〕	18.0〔Ω〕
3	30〔Ω〕	22.5〔Ω〕
4	45〔Ω〕	18.0〔Ω〕
5	45〔Ω〕	22.5〔Ω〕

（回路図）交流電源　I　R　L　S_1　S_2　C　L：コイル

 問題を解く
ヒント！

「例題－21」と考え方は同じだが,この問題では抵抗とコンデンサのリアクタンスを求める.

使う公式

(1)「例題−3」のオームの法則を使う.

(2) スイッチ S_1 と S_2 の両方を閉じたとき,共振条件を満たしコイルとコンデンサ部分のインピーダンスは無限大になり,インピーダンスの大きさ Z〔Ω〕は,$Z=R$ となる.

一般的な解き方！

スイッチ S_1 のみを閉じたときと,スイッチ S_2 のみを閉じたときに流れる電流は 5〔A〕と等しいので,コイルのリアクタンスの大きさ X_L〔Ω〕とコンデンサのリアクタンスの大きさ X_C〔Ω〕が等しいことになる.

スイッチ S_1 と S_2 の両方を閉じたとき,回路は共振状態にあり,$X_L=X_C$ になるので,コイルとコンデンサの並列部分のインピーダンスは無限大となり,「例題−21」の**図1.21**で $I=3$〔A〕としたときと同じになる.

図1.21 より,抵抗 R〔Ω〕は,オームの法則より,

$$R = \frac{E}{I} = \frac{90}{3} = \underline{30}\,〔Ω〕 \qquad \cdots\cdots (1)$$

次に,スイッチ S_2 のみを閉じたとき,抵抗を流れる電流を I_R〔A〕,コンデンサを流れる電流を I_C〔A〕とすると,オームの法則より,

$$I_R = \frac{E}{R} = \frac{90}{30} = 3\,〔A〕 \qquad \cdots\cdots (2)$$

$$I_C = \frac{E}{X_C} = \frac{90}{X_C}\,〔A〕 \qquad \cdots\cdots (3)$$

I_R と交流電源電圧 E には位相差がなく,I_C は E より位相が 90° 進む.これらを図示すると,**図1.23** のようになり,次式が成立する.

$$I^2 = I_R{}^2 + I_C{}^2 \qquad \cdots\cdots (4)$$

式(4)に数値を代入すると,

$$5^2 = 3^2 + \left(\frac{90}{X_C}\right)^2$$

$$5^2 - 3^2 = \left(\frac{90}{X_C}\right)^2$$

$5^2 - 3^2 = 25 - 9 = 16 = 4^2$ であるので,次式が成立する.

$$4^2 = \left(\frac{90}{X_C}\right)^2 \qquad \cdots\cdots (5)$$

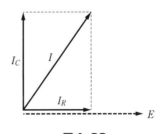

図1.23

$$4 = \frac{90}{X_C} \qquad\qquad \cdots\cdots (6)$$

式(6) より，X_C〔Ω〕は，

$$X_C = \frac{90}{4} = \underline{22.5}\ 〔Ω〕$$

正答 3

例題－23　π形抵抗減衰器の減衰量を求める問題

図に示す$π$形抵抗減衰器の減衰量Lの値として，最も近いものを下の番号から選べ．ただし，減衰量Lは，減衰器の入力電力をP_1，入力電圧をV_1，出力電力をP_2，出力電圧をV_2とすると，次式で表されるものとする．また，$\log_{10} 2 = 0.3$とする．

$$L = 10 \log_{10}(P_1/P_2) = 10 \log_{10}\{(V_1^2/R_L)/(V_2^2/R_L)\}\ 〔\text{dB}〕$$

1　　3〔dB〕

2　　6〔dB〕

3　　9〔dB〕

4　　14〔dB〕

5　　20〔dB〕

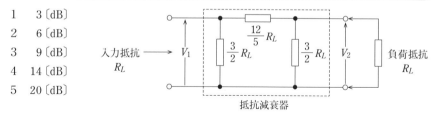

抵抗減衰器

問題を解くヒント！

(1) $\dfrac{V_1}{V_2}$ の値を求め，題意の式に代入する．

(2) $\log_{10} 10 = 1$ は覚えておく．

使う公式

(1) 「例題－1」の合成抵抗を求める公式を使う．

(2) 「例題－3」のオームの法則を使う．

(3) 入力電圧を V_1〔V〕，出力電圧を V_2〔V〕とすると，入力抵抗，負荷抵抗とも R_L〔Ω〕であるので，入力電力P_1〔W〕，出力電力P_2〔W〕は，次式で表される．

$$P_1 = \frac{V_1^2}{R_L} \; \text{(W)} \qquad , \qquad P_2 = \frac{V_2^2}{R_L} \; \text{(W)}$$

(4) 電気電子回路では，二つの量を比較するのに〔dB〕（デシベル）という単位が使われる．入力電力 P_1〔W〕と出力電力 P_2〔W〕を比較するのに，P_1〔W〕と P_2〔W〕の比の対数をとった量を〔B〕（ベル）という．

$$\log_{10} \frac{P_2}{P_1} \; \text{(B)} \qquad\qquad \cdots\cdots ①$$

式①の数値では実用的には小さ過ぎるため，次のような〔B〕の値を 10 倍した〔dB〕（デシベル）が使われる．

$$10 \log_{10} \frac{P_2}{P_1} \; \text{(dB)} \qquad\qquad \cdots\cdots ②$$

式②を入力電圧 V_1〔V〕と出力電圧 V_2〔V〕で表す．入力抵抗及び出力抵抗を R とすると，次式が成立する．

$$P_1 = \frac{V_1^2}{R} \qquad\qquad\qquad\qquad \cdots\cdots ③$$

$$P_2 = \frac{V_2^2}{R} \qquad\qquad\qquad\qquad \cdots\cdots ④$$

式③，式④を式②に代入すると，

減衰量を求める場合，問題に与えられているように P_1 と P_2 が逆になって，$10 \log_{10} \dfrac{P_1}{P_2}$ となるよ．

$$10 \log_{10} \frac{P_2}{P_1} = 10 \log_{10} \frac{\dfrac{V_2^2}{R}}{\dfrac{V_1^2}{R}}$$

$$= 10 \log_{10} \left(\frac{V_2}{V_1} \right)^2 = 20 \log_{10} \frac{V_2}{V_1} \; \text{(dB)} \qquad \cdots\cdots ⑤$$

(5) $y = \log_a x \; (a > 0,\; a \neq 1)$ を，a を底とする x の対数関数という．

このとき，x を真数 $(x > 0)$ といい，底を 10 とする $y = \log_{10} x$ を常用対数という．

一陸特の国家試験に必要な対数の公式を次に示す．

$$\log_{10} x^n = n \log_{10} x$$

$$\log_{10} xy = \log_{10} x + \log_{10} y$$

$$\log_{10} \frac{x}{y} = \log_{10} x - \log_{10} y$$

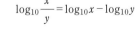

一般的な解き方！

問題の回路を**図 1.24** のように考える．破線部分の $\dfrac{3R_L}{2}$ と R_L の合成抵抗は，並列接続なので，

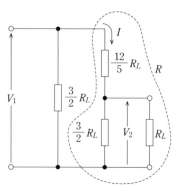

図 1.24

$$\frac{\dfrac{3R_L}{2} \times R_L}{\dfrac{3R_L}{2} + R_L} = \frac{\dfrac{3R_L{}^2}{2}}{\dfrac{3R_L + 2R_L}{2}} = \frac{\dfrac{3R_L{}^2}{2}}{\dfrac{5R_L}{2}} = \frac{3R_L{}^2}{2} \times \frac{2}{5R_L} = \frac{3R_L}{5} \qquad \cdots\cdots (1)$$

破線部分の全抵抗を R とすると,

$$R = \frac{12R_L}{5} + \frac{3R_L}{5} = \frac{15R_L}{5} = 3R_L \qquad\qquad \cdots\cdots (2)$$

入力電圧を V_1 〔V〕, $R(=3R_L)$ に流れる電流を I 〔A〕とすると, オームの法則より,

$$I = \frac{V_1}{R} = \frac{V_1}{3R_L} \qquad\qquad \cdots\cdots (3)$$

負荷抵抗 R_L の両端の電圧 V_2 は, オームの法則より, 式(3) の電流 I と式(1) の抵抗の積で求められるので,

$$V_2 = I \times \frac{3R_L}{5} = \frac{V_1}{3R_L} \times \frac{3R_L}{5} = \frac{V_1}{5} \qquad\qquad \cdots\cdots (4)$$

式(4) より,

$$\frac{V_1}{V_2} = 5 \qquad\qquad \cdots\cdots (5)$$

入力抵抗, 負荷抵抗とも R_L であるので, 入力電力を P_1 〔W〕, 出力電力を P_2 〔W〕とすると, $P_1 = \dfrac{V_1{}^2}{R_L}$ 及び $P_2 = \dfrac{V_2{}^2}{R_L}$ が成立する. 式(5) を題意の式に代入すると,

$$L = 10\log_{10}\left(\frac{P_1}{P_2}\right) = 10\log_{10}\left\{\frac{\left(\dfrac{V_1{}^2}{R_L}\right)}{\left(\dfrac{V_2{}^2}{R_L}\right)}\right\} = 10\log_{10}\left(\frac{V_1{}^2}{V_2{}^2}\right) = 10\log_{10}\left(\frac{V_1}{V_2}\right)^2$$

$$= 2 \times 10 \log_{10} \left(\frac{V_1}{V_2} \right) = 20 \log_{10} \left(\frac{V_1}{V_2} \right) = 20 \log_{10} 5 = 20 \log_{10} \frac{10}{2}$$

$$= 20 (\log_{10} 10 - \log_{10} 2) = 20 (1 - 0.3) = 20 \times 0.7 = 14 \,〔dB〕$$

となる.

正答 4

例題-24 T形抵抗減衰器の減衰量を求める問題

図に示すT形抵抗減衰器の減衰量Lの値として，最も近いものを下の番号から選べ．ただし，減衰量Lは，減衰器の入力電力をP_1，入力電圧をV_1，出力電力をP_2，出力電圧をV_2とすると，次式で表されるものとする．また，$\log_{10} 2 = 0.3$とする．

$$L = 10 \log_{10}(P_1/P_2) = 10 \log_{10} \{ (V_1^2/R_L)/(V_2^2/R_L) \} \,〔dB〕$$

1   3〔dB〕
2   6〔dB〕
3   9〔dB〕
4   14〔dB〕
5   20〔dB〕

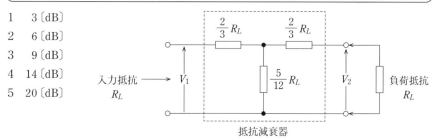

抵抗減衰器

問題を解く
ヒント！

「例題-23」と考え方は同じだが，この問題の回路はT形抵抗減衰器であることに注意する．

📖 使う公式

（1）「例題-1」の合成抵抗を求める公式を使う．
（2）「例題-3」のオームの法則を使う．
（3）「例題-23」のデシベルの公式を使う．

問題の回路を**図1.25**のように考える．破線部分の$\dfrac{2R_L}{3}$とR_Lの合成抵抗は，直列接続なので，

$$\frac{2R_L}{3}+R_L=\frac{2R_L}{3}+\frac{3R_L}{3}=\frac{5R_L}{3} \qquad\cdots\cdots(1)$$

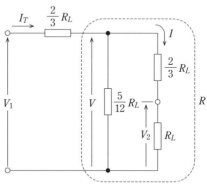

図1.25

破線部分の全抵抗をRとすると，

$$R=\frac{\dfrac{5R_L}{12}\times\dfrac{5R_L}{3}}{\dfrac{5R_L}{12}+\dfrac{5R_L}{3}}=\frac{\dfrac{25R_L{}^2}{36}}{\dfrac{5R_L+20R_L}{12}}=\frac{\dfrac{25R_L{}^2}{36}}{\dfrac{25R_L}{12}}=\frac{25R_L{}^2}{36}\times\frac{12}{25R_L}=\frac{R_L}{3}$$

回路の全抵抗をR_Tとすると，

$$R_T=\frac{2R_L}{3}+R=\frac{2R_L}{3}+\frac{R_L}{3}=R_L \qquad\cdots\cdots(2)$$

入力電圧をV_1〔V〕，回路に流れる電流をI_T〔A〕とすると，オームの法則より，

$$I_T=\frac{V_1}{R_T}=\frac{V_1}{R_L} \qquad\cdots\cdots(3)$$

図1.25中の電圧V〔V〕は，入力電圧V_1から$\dfrac{2R_L}{3}$の抵抗の電圧降下分$I_T\times\dfrac{2R_L}{3}$を差し引いたものであるので，

$$V=V_1-I_T\times\frac{2R_L}{3}$$

$$=V_1-\frac{V_1}{R_L}\times\frac{2R_L}{3}=V_1-\frac{2V_1}{3}=\frac{3V_1}{3}-\frac{2V_1}{3}=\frac{V_1}{3} \qquad\cdots\cdots(4)$$

負荷抵抗R_Lに流れる電流をI〔A〕とすると，式(4)より，

$$I = \frac{V}{\frac{2R_L}{3} + R_L} = \frac{\frac{V_1}{3}}{\frac{5R_L}{3}} = \frac{V_1}{3} \times \frac{3}{5R_L} = \frac{V_1}{5R_L} \quad \cdots\cdots (5)$$

負荷抵抗 R_L の両端の電圧 V_2 は，オームの法則より，式(5)の電流 I と R_L の積で求められるので，

$$V_2 = IR_L = \frac{V_1}{5R_L} \times R_L = \frac{V_1}{5} \quad \cdots\cdots (6)$$

式(6)より，

$$\frac{V_1}{V_2} = 5 \quad \cdots\cdots (7)$$

入力抵抗，負荷抵抗とも R_L であるので，入力電力を P_1 [W]，出力電力を P_2 [W]とすると，$P_1 = \frac{V_1^2}{R_L}$ 及び $P_2 = \frac{V_2^2}{R_L}$ が成立する．式(7)を題意の式に代入すると，

$$L = 10 \log_{10}\left(\frac{P_1}{P_2}\right) = 10 \log_{10}\left\{\frac{\left(\frac{V_1^2}{R_L}\right)}{\left(\frac{V_2^2}{R_L}\right)}\right\} = 10 \log_{10}\left(\frac{V_1^2}{V_2^2}\right) = 10 \log_{10}\left(\frac{V_1}{V_2}\right)^2$$

$$= 2 \times 10 \log_{10}\left(\frac{V_1}{V_2}\right) = 20 \log_{10}\left(\frac{V_1}{V_2}\right) = 20 \log_{10} 5 = 20 \log_{10}\frac{10}{2}$$

$$= 20(\log_{10} 10 - \log_{10} 2) = 20(1 - 0.3) = 20 \times 0.7 = 14 \text{ [dB]}$$

となる．

正答 4

例題－25 方形導波管の遮断周波数の値を求める問題

図に示す方形導波管のTE₁₀波の遮断周波数の値として，最も近いものを下の番号から選べ．

1　5.0〔GHz〕
2　6.0〔GHz〕
3　7.5〔GHz〕
4　10.0〔GHz〕
5　12.0〔GHz〕

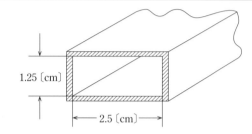

1.25〔cm〕

2.5〔cm〕

問題を解くヒント！

方形導波管の遮断波長は長辺の2倍である．

使う公式

(1) 方形導波管の長辺の長さを a〔m〕とすると，遮断波長 λ_c〔m〕は，次式で表される．
$$\lambda_c = 2a \text{〔m〕}$$

(2) 電波の速度を $c = 3 \times 10^8$〔m/s〕，遮断波長を λ_c〔m〕とすると，遮断周波数 f_c〔Hz〕は，次式で表される．
$$f_c = \frac{c}{\lambda_c} = \frac{3 \times 10^8}{\lambda_c} \text{〔Hz〕}$$

一般的な解き方！

長辺（＝2.5〔cm〕）の2倍が遮断波長 λ_c〔m〕であるので，
$$\lambda_c = 2 \times 2.5 = 5 \text{〔cm〕} = 5 \times 10^{-2} \text{〔m〕} = 0.05 \text{〔m〕}$$
よって，遮断周波数 f_c〔Hz〕は，
$$f_c = \frac{c}{\lambda_c} = \frac{3 \times 10^8}{0.05} = 60 \times 10^8 \text{〔Hz〕} = 6 \times 10^9 \text{〔Hz〕} = 6 \text{〔GHz〕}$$
となる．

 遮断波長の単位を〔m〕として計算するよ．1〔cm〕＝ 1×10^{-2}〔m〕＝0.01〔m〕だね．

 正答 2

例題-26 方形導波管の遮断周波数から長辺の長さの値を求める問題

> 図に示す方形導波管のTE_{10}波の遮断周波数が5〔GHz〕のとき，長辺の長さaの値として，最も近いものを下の番号から選べ．

1　3〔cm〕

2　4〔cm〕

3　5〔cm〕

4　6〔cm〕

5　7〔cm〕

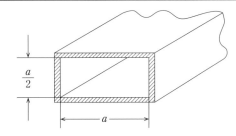

 問題を解くヒント！

「例題-25」と考え方は同じだが，この問題では長辺の長さを求める．

📖 使う公式

(1)「例題-25」と同じ遮断波長を求める公式を使う．

(2) 電波の速度を$c=3\times10^8$〔m/s〕，遮断周波数をf_c〔Hz〕とすると，遮断波長λ_c〔m〕は，次式で表される．

$$\lambda_c = \frac{c}{f_c} = \frac{3\times10^8}{f_c} \ \text{〔m〕}$$

✏ 一般的な解き方！

遮断周波数$f_c=5$〔GHz〕$=5\times10^9$〔Hz〕であるので，遮断波長λ_c〔m〕は，

$$\lambda_c = \frac{c}{f_c} = \frac{3\times10^8}{5\times10^9} = \frac{3}{50} = 0.06 \ \text{〔m〕}$$

長辺a〔m〕の2倍が遮断波長λ_c〔m〕であるので，

$$2a = 0.06 \ \text{〔m〕}$$

より，

$$a = 0.03 \ \text{〔m〕} = 3\times10^{-2} \ \text{〔m〕} = 3 \ \text{〔cm〕}$$

となる．

G（ギガ）は10^9だよ．

 正答 1

例題－27 方形導波管の遮断波長の値を求める問題

図に示す方形導波管のTE$_{10}$波の遮断波長の値として，正しいものを下の番号から選べ．

1　3〔cm〕
2　4〔cm〕
3　5〔cm〕
4　6〔cm〕
5　7〔cm〕

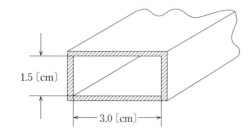

1.5〔cm〕

3.0〔cm〕

 問題を解く
ヒント！

「例題－25」と考え方は同じだが，この問題では遮断波長を求める．

遮断波長は導波管内を電波が通過できるか否かの境界の周波数で，遮断波長より短い波長の電波は導波管内に侵入できるよ．

 使う公式

「例題－25」と同じ遮断波長を求める公式を使う．

一般的な
解き方！

遮断波長λ_c〔m〕は，長辺a〔m〕の2倍であるので，

$$\lambda_c = 2a = 2 \times 3 = 6 \,〔\text{cm}〕$$

となる．

 単位がすべて〔cm〕なので，
そのまま計算していいよ．

 正答 4

例題－28 増幅器の入力と出力比による電力利得を求める問題

　増幅器の入力端の入力信号電圧 v_i〔V〕に対する出力端の出力信号電圧 v_o〔V〕の比 (v_o/v_i) による電圧利得が G〔dB〕のとき，入力信号電力に対する出力信号電力の比による電力利得として正しいものを下の番号から選べ．ただし，増幅器の入力抵抗 R_i〔Ω〕と出力端に接続される負荷抵抗 R_o〔Ω〕は等しい ($R_i = R_o$) ものとする．

1　$G - 3$〔dB〕

2　$G - 6$〔dB〕

3　$G + 3$〔dB〕

4　$G + 6$〔dB〕

5　　G〔dB〕

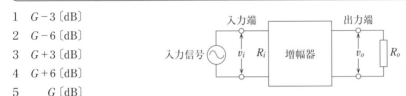

電力利得の〔dB〕表示と電圧利得の〔dB〕表示の違いに注意する．

使う公式

(1)　「例題－12」の消費電力を求める公式を使う．

(2)　増幅器の入力電力を p_i〔W〕，出力電力を p_o〔W〕とすると，電力利得 G_P〔dB〕は，次式で表される．

$$G_P = 10 \log_{10} \frac{p_o}{p_i} \text{〔dB〕}$$

(3)　増幅器の入力電圧を v_i〔V〕，出力電圧を v_o〔V〕とすると，電圧利得 G〔dB〕は，次式で表される．

$$G = 20 \log_{10} \frac{v_o}{v_i} \text{〔dB〕}$$

電力利得は「10 倍」，
電圧利得は「20 倍」だよ．

　増幅器の入力電圧を v_i〔V〕，出力電圧を v_o〔V〕，増幅器の入力抵抗を R_i〔Ω〕，出力端の負荷抵抗を R_o〔Ω〕とすると，増幅器の入力電力 p_i〔W〕及び出力電力 p_o〔W〕は，次式で表される．

$$p_i = \frac{v_i^2}{R_i} \text{ [W]} \qquad , \qquad p_o = \frac{v_o^2}{R_o} \text{ [W]}$$

したがって、電力利得 G_P [dB] は、次式で表される.

$$G_P = 10 \log_{10} \frac{p_o}{p_i} = 10 \log_{10} \frac{\dfrac{v_o^2}{R_o}}{\dfrac{v_i^2}{R_i}} \text{ [dB]} \qquad \cdots\cdots (1)$$

題意より、$R_i = R_o$ なので、式 (1) は、

$$G_P = 10 \log_{10} \frac{v_o^2}{v_i^2} = 10 \log_{10} \left(\frac{v_o}{v_i} \right)^2 = 2 \times 10 \log_{10} \frac{v_o}{v_i} = 20 \log_{10} \frac{v_o}{v_i} \qquad \cdots\cdots (2)$$

増幅器の入力電圧を v_i [V]、出力電圧を v_o [V] とすると、電圧利得 G [dB] は、次式で表される.

$$G = 20 \log_{10} \frac{v_o}{v_i} \text{ [dB]} \qquad \cdots\cdots (3)$$

よって、式 (2) = 式 (3) なので、

$$G_P = G \text{ [dB]}$$

となる.

正答 5

例題−29 増幅器の電力利得から入力電力の値を求める問題

電力利得が 18 [dB] の増幅器の出力電力の値が 3.2 [W] のとき、入力電力の値として最も近いものを下の番号から選べ. ただし、$\log_{10} 2 = 0.3$ とする.

1   1,000 [mW]

2   500 [mW]

3   250 [mW]

4   100 [mW]

5   50 [mW]

問題を解くヒント！

(1) 電力利得 18 [dB] を真数に変換することに注意する.

(2) $\log_{10} 2 = 0.3$ より、$10^{0.3} = 2$ である.

使う公式

「例題-28」と同じ電力利得を求める公式を使う.

一般的な解き方!

入力電力を p_i〔W〕, 出力電力を p_o〔W〕とすると, 電力利得 G_P〔dB〕は, 次式で表される.

$$G_P = 10 \log_{10} \frac{p_o}{p_i} \text{〔dB〕} \qquad \cdots\cdots (1)$$

式(1)に電力利得 $G_P = 18$〔dB〕, 出力電力 $p_o = 3.2$〔W〕を代入すると,

$$18 = 10 \log_{10} \frac{3.2}{p_i} \text{〔dB〕} \qquad \cdots\cdots (2)$$

式(2)の両辺を10で割ると,

$$1.8 = \log_{10} \frac{3.2}{p_i} \text{〔dB〕} \qquad \cdots\cdots (3)$$

式(3)より,

$$\frac{3.2}{p_i} = 10^{1.8} = 10^{(0.3 \times 6)} = (10^{0.3})^6 = 2^6$$

$$= 2 \times 2 \times 2 \times 2 \times 2 \times 2 = 64 \qquad \cdots\cdots (4)$$

よって, 式(4)より,

$$p_i = \frac{3.2}{64} = 0.05 \text{〔W〕} = 50 \times 10^{-3} \text{〔W〕} = 50 \text{〔mW〕}$$

となる.

簡易的な解き方!

18〔dB〕の真数を A とすると, 次式が成立する.

$$18 = 10 \log_{10} A \qquad \cdots\cdots (1)$$

式(1)の両辺を10で割ると,

$$1.8 = \log_{10} A \qquad \cdots\cdots (2)$$

式(2)より,

$$A = 10^{1.8} = 10^{(0.3 \times 6)} = (10^{0.3})^6 = 2^6 = 2 \times 2 \times 2 \times 2 \times 2 \times 2 = 64 \qquad \cdots\cdots (3)$$

入力電力を p_i〔W〕, 出力電力を $p_o = 3.2$〔W〕とすると, $A = \dfrac{p_o}{p_i}$ であるので, p_i〔W〕は,

$$p_i = \frac{3.2}{A} = \frac{3.2}{64} = 0.05 \text{〔W〕} = 50 \times 10^{-3} \text{〔W〕} = 50 \text{〔mW〕}$$

となる.

例題－30 デシベルを用いた各種の計算

　次の記述は, デシベルを用いた計算について述べたものである. このうち誤っているものを下の番号から選べ. ただし, $\log_{10}2 = 0.3$ とする.

1　電圧比で最大値から 6〔dB〕下がったところの電圧レベルは, 最大値の 1/2 である.

2　出力電力が入力電力の 800 倍になる増幅回路の利得は 29〔dB〕である.

3　1〔μV〕を 0〔dBμV〕としたとき, 0.1〔mV〕の電圧は 40〔dBμV〕である.

4　1〔μV/m〕を 0〔dBμV/m〕としたとき, 0.4〔mV/m〕の電界強度は 56〔dBμV/m〕である.

5　1〔mW〕を 0〔dBm〕としたとき, 2〔W〕の電力は 33〔dBm〕である.

問題を解くヒント！

dBμV は 1〔μV〕を 0〔dBμV〕, dBμV/m は 1〔μV/m〕を 0〔dBμV/m〕, dBm は 1〔mW〕を 0〔dBm〕とする.

使う公式

(1) 電力利得を〔dB〕で表す

　基準となる入力電力を P_1〔W〕, 比較対象となる出力電力を P_2〔W〕とすると,

$$10 \log_{10} \frac{P_2}{P_1}〔\mathrm{dB}〕$$

(2) 電圧利得を〔dB〕で表す

　基準となる入力電圧を V_1〔V〕, 比較対象となる出力電圧を V_2〔V〕とすると,

$$20 \log_{10} \frac{V_2}{V_1}〔\mathrm{dB}〕$$

(3) 高周波電圧を〔dBμV〕単位で表す

　　$20 \log_{10} x$〔dBμV〕：ただし, x は〔μV〕に換算して代入する.

　例：1〔mV〕の高周波電圧を〔dBμV〕単位で表すと, 1〔mV〕= 1,000〔μV〕なので,
　　$20 \log_{10} 1,000 = 20 \log_{10} 10^3 = 3 \times 20 \times 1 = 60$〔dB$\mu$V〕

(4) 電界強度を〔dBμV/m〕単位で表す

$20 \log_{10} y$〔dBμV/m〕：ただし，y は〔μV/m〕に換算して代入する．

例：0.2〔mV/m〕の電界強度を〔dBμV/m〕単位で表すと，0.2〔mV/m〕＝200〔μV/m〕なので，

$20 \log_{10} 200 = 20(\log_{10} 2 + \log_{10} 100) = 20 \times (0.3 + 2) = 46$〔dBμV/m〕

(5) 低周波電力を〔dBm〕単位で表す

$10 \log_{10} z$〔dBm〕：ただし，z は〔mW〕に換算して代入する．

例：1〔W〕の電力を〔dBm〕単位で表すと，1〔W〕＝1,000〔mW〕なので，

$10 \log_{10} 1,000 = 10 \log_{10} 10^3 = 3 \times 10 \times 1 = 30$〔dBm〕

1 電圧比であるので，「使う公式(2)」を使用する．$\dfrac{V_2}{V_1} = A_V$ とすると，$20 \log_{10} A_V$ となる．最大値から 6〔dB〕下がったので，次式が成立する．

$-6 = 20 \log_{10} A_V$ ……(1)

式(1)の両辺を 20 で割ると，

$-0.3 = \log_{10} A_V$ ……(2)

式(2)より，

$A_V = 10^{-0.3} = \dfrac{1}{10^{0.3}} = \dfrac{1}{2}$　　よって，正しい

2 電力利得であるので，「使う公式(1)」を使用する．出力電力が入力電力の800倍なので，

$10 \log_{10} 800 = 10 \log_{10}(2^3 \times 10^2) = 10(\log_{10} 2^3 + \log_{10} 10^2)$

$= 10(3 \log_{10} 2 + 2 \log_{10} 10) = 10(3 \times 0.3 + 2 \times 1) = 29$〔dB〕

よって，正しい

3 〔dBμV〕であるので，「使う公式(3)」を使用する．0.1〔mV〕は 100〔μV〕なので，

$20 \log_{10} 100 = 20 \log_{10} 10^2 = 2 \times 20 \times 1 = 40$〔dBμV〕　　よって，正しい

4 〔dBμV/m〕であるので，「使う公式(4)」を使用する．0.4〔mV/m〕は 400〔μV/m〕であるので，

$20 \log_{10} 400 = 20 \log_{10}(2^2 \times 10^2) = 20(\log_{10} 2^2 + \log_{10} 10^2)$

$= 20(2 \times 0.3 + 2 \times 1) = 52$〔dBμV/m〕　　よって，誤り

5 〔dBm〕であるので，「使う公式(5)」を使用する．2〔W〕は 2,000〔mW〕なので，

$10 \log_{10} 2,000 = 10 \log_{10}(2 \times 10^3) = 10(\log_{10} 2 + \log_{10} 10^3)$

$= 10(0.3 + 3 \times 1) = 33$〔dBm〕　　よって，正しい

正答 4

〔dB〕(デシベル) は，電力や電圧などの「絶対的」な大きさを示すものではなく，入力と出力の電力や電圧などの「相対的」な大きさを示すものである．

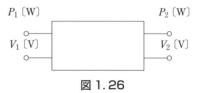

図 1.26

図 1.26 において，基準となる入力電力を P_1〔W〕，対象となる出力電力を P_2〔W〕とすると，単位「〔B〕(ベル)」は次のように定義される．

$$\log_{10} \frac{P_2}{P_1} \text{〔B〕} \qquad\qquad \cdots\cdots (1)$$

式(1) の数値では日常使用するには小さ過ぎるため，ベルの値を 10 倍し，次式のように単位の接頭語に 1/10 倍を意味する「d (デシ)」を付けたものが〔dB〕(デシベル) である．

$$10 \log_{10} \frac{P_2}{P_1} \text{〔dB〕} \qquad\qquad \cdots\cdots (2)$$

図 1.26 の基準の入力電圧を V_1〔V〕，対象の出力電圧を V_2〔V〕，入力抵抗及び出力抵抗を R〔Ω〕とすると，次式が成立する．

$$P_1 = \frac{V_1^2}{R} \qquad\qquad \cdots\cdots (3)$$

$$P_2 = \frac{V_2^2}{R} \qquad\qquad \cdots\cdots (4)$$

式(3)，式(4) を式(2) に代入すると，

$$10 \log_{10} \frac{P_2}{P_1} = 10 \log_{10} \frac{\dfrac{V_2^2}{R}}{\dfrac{V_1^2}{R}}$$

$$= 10 \log_{10} \left(\frac{V_2}{V_1}\right)^2 = 20 \log_{10} \frac{V_2}{V_1} \text{〔dB〕} \qquad \cdots\cdots (5)$$

すなわち，電圧で表すと $20 \log_{10}$ になる．

dB を使用すると，大きな数や小さな数が適度な数に変換できる．掛け算が足し算に，割り算が引き算に変換できる．

例題−31 負帰還増幅回路の電圧増幅度の値を求める問題

　図に示す負帰還増幅回路例の電圧増幅度の値として，最も近いものを下の番号から選べ．ただし，帰還をかけないときの電圧増幅度 A を90，帰還率 β を0.2とする．

1　3.5
2　4.7
3　7.2
4　9.0
5　18.0

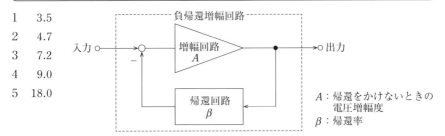

A：帰還をかけないときの電圧増幅度
β：帰還率

問題を解くヒント！

帰還をかけると増幅度は小さくなるが，周波数特性が改善され歪みが減少する．

使う公式

負帰還増幅回路の構成図を**図1.27**に示す．

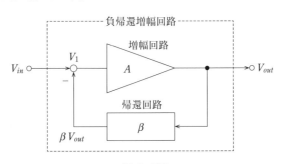

図1.27

　帰還をかけないときの電圧増幅度を A（真数），帰還回路の帰還率を β，負帰還増幅回路の電圧増幅度を A_f（真数），負帰還増幅回路の入力電圧を V_{in}〔V〕，出力電圧を V_{out}〔V〕とする．増幅回路の入力電圧を V_1〔V〕とすると，

$$V_1 = V_{in} - \beta V_{out} \qquad\qquad \cdots\cdots ①$$

$$A = \frac{V_{out}}{V_1} = \frac{V_{out}}{V_{in} - \beta V_{out}}$$ ⋯⋯ ②

式②より，

$$A(V_{in} - \beta V_{out}) = V_{out}$$ ⋯⋯ ③

式③より，

$$AV_{in} = (1 + A\beta)V_{out}$$ ⋯⋯ ④

負帰還増幅回路の電圧増幅度A_f（真数）は式④より，次式で表される．

$$A_f = \frac{V_{out}}{V_{in}} = \frac{A}{1 + A\beta}$$

✎ **一般的な解き方！**

　帰還をかけないときの電圧増幅度が$A = 90$（真数），帰還回路の帰還率が$\beta = 0.2$であるので，負帰還増幅回路の電圧増幅度A_f（真数）は，

$$A_f = \frac{A}{1 + A\beta} = \frac{90}{1 + 90 \times 0.2} = \frac{90}{19} \fallingdotseq 4.7$$

となる．

正答 2

例題-32 オペアンプを使用した反転増幅回路の電圧利得の値を求める問題

　図に示す理想的な演算増幅器（オペアンプ）を使用した反転増幅回路の電圧利得の値として，最も近いものを下の番号から選べ．ただし，図の増幅回路の電圧増幅度の大きさA_V（真数）は，次式で表されるものとする．また，$\log_{10} 2 = 0.3$とする．

$$A_V = R_2 / R_1$$

1　　7〔dB〕

2　　10〔dB〕

3　　14〔dB〕

4　　18〔dB〕

5　　28〔dB〕

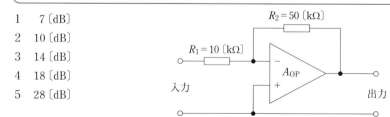

A_{OP}：演算増幅器　　——□——：抵抗

演算増幅器を使用した反転増幅回路は，入力と出力で位相が$180°$反転するので，電圧増幅度にマイナス（$-$）の符号が付く．dB表示する場合，電圧増幅度は大きさ（絶対値）で計算する．

図 1.28 において，入力電圧をV_{in}〔V〕，出力電圧をV_{out}〔V〕とする．b点の電位をゼロとすると，演算増幅器は入力インピーダンスが非常に大きいので，a点もゼロ電位になる．

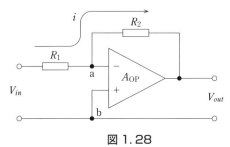

図 1.28

抵抗R_1〔Ω〕，R_2〔Ω〕に流れる電流をi〔A〕とすると，次式が成立する．

$$V_{in} - 0 = iR_1 \qquad \cdots\cdots ①$$

$$0 - V_{out} = iR_2 \qquad \cdots\cdots ②$$

よって，電圧増幅度をA_Vとすると，

$$A_V = \frac{V_{out}}{V_{in}} = \frac{-iR_2}{iR_1} = -\frac{R_2}{R_1} \qquad \cdots\cdots ③$$

式③を dB 表示すると，電圧利得G〔dB〕は，次式で表される．

$$G = 20 \log_{10}\left|A_V\right| = 20 \log_{10}\frac{R_2}{R_1} \text{〔dB〕}$$

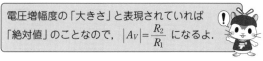

電圧増幅度の「大きさ」と表現されていれば「絶対値」のことなので，$|A_V| = \dfrac{R_2}{R_1}$ になるよ．

抵抗を$R_1 = 10$〔kΩ〕$= 10 \times 10^3$〔Ω〕，$R_2 = 50$〔kΩ〕$= 50 \times 10^3$〔Ω〕とすると，電圧増幅度の大きさ（絶対値）$|A_V|$ は，

$$|A_V| = \frac{R_2}{R_1} = \frac{50 \times 10^3}{10 \times 10^3} = 5$$

電圧増幅度を dB 表示すると，電圧利得G〔dB〕は，

$$G = 20 \log_{10} |A_V| = 20 \log_{10} 5 = 20 \log_{10} \frac{10}{2} = 20 (\log_{10} 10 - \log_{10} 2)$$

$$= 20 (1 - 0.3) = 20 \times 0.7 = 14 \ (\text{dB})$$

となる.

正答 3

例題-33 パルスの幅と間隔からパルスの繰返し周波数と衝撃係数の値を求める問題

図に示すように，パルスの幅が5〔μs〕，間隔が20〔μs〕のとき，パルスの繰返し周波数 f 及び衝撃係数（デューティファクタ）D の値の組合せとして，正しいものを下の番号から選べ.

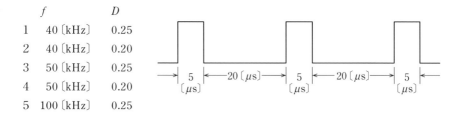

	f	D
1	40〔kHz〕	0.25
2	40〔kHz〕	0.20
3	50〔kHz〕	0.25
4	50〔kHz〕	0.20
5	100〔kHz〕	0.25

問題を解く
ヒント！

周波数と周期は逆数の関係にある.

使う公式

(1) **図 1.29** において，「周期 T〔s〕」は，一つの波の繰返しに要する時間のことであり，「周波数 f〔Hz〕」は 1 秒間にこの繰返しが何回あるかをいう．周期 T〔s〕と周波数 f〔Hz〕の関係は，次式で表される.

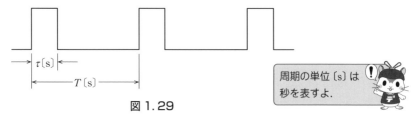

周期の単位〔s〕は
秒を表すよ.

図 1.29

$$T = \frac{1}{f} \text{ (s)} \qquad , \qquad f = \frac{1}{T} \text{ (Hz)}$$

(2) **図 1.29**の周期T〔s〕とパルスの幅τ〔s〕の比を衝撃係数D（デューティファクタ）といい，次式で表される.

$$D = \frac{\tau}{T}$$

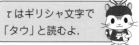

τはギリシャ文字で「タウ」と読むよ.

一般的な解き方！

5〔μs〕$= 5 \times 10^{-6}$〔s〕と20〔μs〕$= 20 \times 10^{-6}$〔s〕の和が1周期なので，周期T〔s〕は，

$$T = 5 \times 10^{-6} + 20 \times 10^{-6} = 25 \times 10^{-6} \text{ (s)}$$

パルスの繰返し周波数f〔Hz〕は，

$$f = \frac{1}{T} = \frac{1}{25 \times 10^{-6}} = \frac{10^6}{25} = \frac{1,000 \times 10^3}{25} = 40 \times 10^3 \text{ (Hz)} = \underline{40 \text{ (kHz)}}$$

パルスの幅$\tau = 5$〔μs〕$= 5 \times 10^{-6}$〔s〕，周期$T = 25 \times 10^{-6}$〔s〕なので，衝撃係数Dは，

$$D = \frac{\tau}{T} = \frac{5 \times 10^{-6}}{25 \times 10^{-6}} = \frac{1}{5} = \underline{0.2}$$

正答2

例題-34 パルスの幅と繰返し周波数から繰返し周期と衝撃係数の値を求める問題

　図に示すようにパルスの幅が5〔μs〕のとき，パルスの繰返し周期T及び衝撃係数（デューティファクタ）Dの値の組合せとして，正しいものを下の番号から選べ. ただし，パルスの繰返し周波数は40〔kHz〕とする.

	T	D
1	20〔μs〕	0.20
2	20〔μs〕	0.25
3	25〔μs〕	0.20
4	25〔μs〕	0.25
5	50〔μs〕	0.20

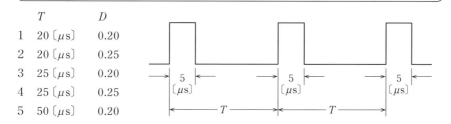

「例題-33」と考え方は同じだが，この問題では周期と衝撃係数を求める.

(1)「例題-33」の周期を求める公式を使う.

(2)「例題-33」の衝撃係数を求める公式を使う.

パルスの繰返し周波数を f [Hz]とすると，$f = 40$ [kHz] $= 40 \times 10^3$ [Hz]なので，周期 T [s]は，

$$T = \frac{1}{f} = \frac{1}{40 \times 10^3} = \frac{10^{-4}}{4} = \frac{1}{4} \times 10^{-4}$$

$$= 0.25 \times 10^{-4} \text{ [s]} = 25 \times 10^{-6} \text{ [s]} = \underline{25} \text{ [}\mu\text{s]}$$

$0.25 = 25 \times 10^{-2}$ だから，
$0.25 \times 10^{-4} = 25 \times 10^{-6}$ だよ.

パルスの幅 $\tau = 5$ [μs] $= 5 \times 10^{-6}$ [s]，周期 $T = 25 \times 10^{-6}$ [s]なので，衝撃係数 D は，

$$D = \frac{\tau}{T} = \frac{5 \times 10^{-6}}{25 \times 10^{-6}} = \frac{1}{5} = \underline{0.2}$$

正答 3

2 多重変調方式の計算問題を解く

例題-1　標本化された音声信号の再現可能な最高周波数の値を求める問題

標本化定理において，音声信号を標本化するとき，忠実に再現することが原理的に可能な音声信号の最高周波数として，正しいものを下の番号から選べ．ただし，標本化周波数を6〔kHz〕とする．

1　3〔kHz〕　　2　5〔kHz〕　　3　6〔kHz〕　　4　9〔kHz〕　　5　12〔kHz〕

問題を解くヒント！

音声信号の最高周波数の2倍以上の周波数で標本化すれば，原音を忠実に再現できる．

使う公式

音声信号の最高周波数 f_m〔Hz〕の2倍の周波数で標本化すると，音声信号を忠実に再現できる．このことを標本化定理といい，標本化周波数 f_0〔Hz〕は，次式で表される．

$$f_0 = 2f_m \text{〔Hz〕}$$

一般的な解き方！

音声信号を忠実に再現するためには，音声信号の最高周波数 f_m〔Hz〕の2倍の $2f_m$〔Hz〕で標本化すればよい．標本化周波数を $f_0 = 6$〔kHz〕$= 6 \times 10^3$〔Hz〕とすると，音声信号の最高周波数 f_m〔Hz〕は，

$$f_0 = 2f_m$$
$$6 \times 10^3 = 2f_m$$

$$f_m = \frac{6 \times 10^3}{2} = 3 \times 10^3 \,(\mathrm{Hz}) = 3 \,(\mathrm{kHz})$$

となる.

k（キロ）は
10^3 だよ.

簡易的な 解き方！

標本化周波数 f_0 の単位〔kHz〕の 10^3 を省略し，単位を〔kHz〕のまま計算してもよい.
標本化周波数を 6 〔kHz〕とすると，音声信号の最高周波数 f_m 〔kHz〕は，

$$f_0 = 2f_m$$
$$6 = 2f_m$$
$$f_m = \frac{6}{2} = 3 \,(\mathrm{kHz})$$

となる.

正答 1

例題－2 アナログ信号を標本化するときの標本化周波数の下限の値を求める問題

標本化定理において，周波数帯域が 300 〔Hz〕から 15 〔kHz〕までのアナログ信号を標本化して，忠実に再現することが原理的に可能な標本化周波数の下限の値として，正しいものを下の番号から選べ.

1 300 〔Hz〕　　2 600 〔Hz〕　　3 7.5 〔kHz〕　　4 15 〔kHz〕　　5 30 〔kHz〕

問題を解く ヒント！

「例題−1」と考え方は同じだが，この問題では標本化周波数を求める.

使う公式

「例題−1」の標本化周波数を求める公式を使う.

一般的な 解き方！

周波数帯域の最高周波数が $f_m = 15$ 〔kHz〕$= 15 \times 10^3$ 〔Hz〕であるので，最高周波数 f_m 〔Hz〕の 2 倍の $2f_m$ 〔Hz〕で標本化すれば，アナログ信号を忠実に再現できる.　よって，

標本化周波数 f_0 〔Hz〕は,

$$f_0 = 2f_m$$
$$= 2 \times 15 \times 10^3 = 30 \times 10^3 \text{ 〔Hz〕} = 30 \text{ 〔kHz〕}$$

となる.

〔kHz〕の 10^3 を省略して
計算してもいいよ.
そのほうが簡単だね.

正答 5

例題−3 時分割多重伝送で伝送可能な最大チャネル数の値を求める問題

> 伝送速度 52〔Mbps〕のデジタル伝送回線において, 1チャネル当たり 32〔kbps〕のデータを時分割多重により伝送するとき, 伝送可能な最大チャネル数として, 最も近いものを下の番号から選べ. ただし, 伝送するのはデータのみとする.

1 220 2 610 3 810 4 1,620 5 2,440

問題を解くヒント！

伝送速度の単位を〔bps〕に変換して単位を揃える. 1〔Mbps〕$= 1 \times 10^6$〔bps〕, 1〔kbps〕$= 1 \times 10^3$〔bps〕である.

使う公式

伝送速度を B〔bps〕, 1チャネル当たりのデータ速度を D〔bps〕とすると, 伝送可能な最大チャネル数 N は, 次式で表される.

$$N = \frac{B}{D}$$

bps（bits per second）は, 1秒間に伝送できる
ことができる情報量を表すよ.

一般的な解き方！

伝送速度を $B = 52$〔Mbps〕$= 52 \times 10^6$〔bps〕, 1チャネル当たりのデータ速度を $D = 32$〔kbps〕$= 32 \times 10^3$〔bps〕とすると, 伝送可能な最大チャネル数 N は,

$$N = \frac{B}{D} = \frac{52 \times 10^6}{32 \times 10^3} = \frac{52 \times 10^3}{32} = \frac{52,000}{32} = 1,625$$

となり, 選択肢4が最も近くなる.

正答 4

例題－4 OFDMのサブキャリアの周波数間隔の値を求める問題

　直交周波数分割多重（OFDM）において，有効シンボル期間長（変調シンボル長）が50〔μs〕のとき，図に示すサブキャリアの周波数間隔Δƒの値として，正しいものを下の番号から選べ．

1　　5〔kHz〕
2　　10〔kHz〕
3　　15〔kHz〕
4　　20〔kHz〕
5　　30〔kHz〕

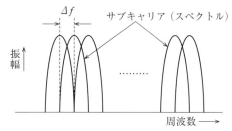

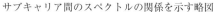

サブキャリア間のスペクトルの関係を示す略図

 問題を解くヒント！

　サブキャリアの周波数間隔と有効シンボル期間長は逆数の関係にある．

使う公式

　有効シンボル期間長を T〔s〕とすると，サブキャリアの周波数間隔Δf〔Hz〕は，次式で表される．

$$\Delta f = \frac{1}{T} \ \text{〔Hz〕}$$

一般的な解き方！

　有効シンボル期間長を $T = 50$〔μs〕$= 50 \times 10^{-6}$〔s〕とすると，サブキャリアの周波数間隔Δf〔Hz〕は，

$$\Delta f = \frac{1}{T}$$

$$= \frac{1}{50 \times 10^{-6}} = \frac{10^6}{50} = \frac{1{,}000 \times 10^3}{50} = 20 \times 10^3 \ \text{〔Hz〕} = 20 \ \text{〔kHz〕}$$

となる．

正答 4

参 考

　直交周波数分割多重OFDM（Orthogonal Frequency Division Multiplexing）は低速デジタル信号を集めて高速伝送を行う多重化法である．OFDMは多数の搬送波を使用し，各搬送波同士は直交性を保つ必要がある．遅延波による符号間干渉を少なくするため，ガードインターバルが付加される．

例題ー5 OFDMの有効シンボル期間長の値を求める問題

　直交周波数分割多重（OFDM）において，図に示すサブキャリアの周波数間隔Δfが25〔kHz〕のときの有効シンボル期間長（変調シンボル長）の値として，正しいものを下の番号から選べ．

1　15〔μs〕
2　30〔μs〕
3　40〔μs〕
4　50〔μs〕
5　60〔μs〕

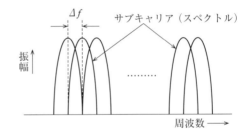

サブキャリア間のスペクトルの関係を示す略図

問題を解く
ヒント！

　「例題ー4」と考え方は同じだが，この問題では有効シンボル期間長を求める．

使う公式

　サブキャリアの周波数間隔をΔf〔Hz〕とすると，有効シンボル期間長T〔s〕は，次式で表される．

$$T = \frac{1}{\Delta f} \ \text{〔s〕}$$

一般的な
解き方！

　サブキャリアの周波数間隔を$\Delta f = 25$〔kHz〕$= 25 \times 10^3$〔Hz〕とすると，有効シンボル期間長T〔s〕は，

$$T = \frac{1}{\Delta f}$$

$$= \frac{1}{25 \times 10^3} = \frac{1}{25} \times 10^{-3} = 0.04 \times 10^{-3} = 40 \times 10^{-6} \,(\mathrm{s}) = 40 \,(\mu\mathrm{s})$$

となる.

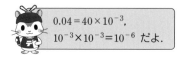

$0.04 = 40 \times 10^{-3}$,
$10^{-3} \times 10^{-3} = 10^{-6}$ だよ.

正答 3

3 無線送受信装置の計算問題を解く

例題－1 FM(F3E)送信機の占有周波数帯幅の値を求める問題

> FM (F3E) 送信機において，最高変調周波数が12〔kHz〕で変調指数が4のときの占有周波数帯幅の値として，最も近いものを下の番号から選べ.

1 120〔kHz〕 2 150〔kHz〕 3 180〔kHz〕 4 210〔kHz〕 5 240〔kHz〕

問題を解くヒント!

FM (F3E) 波の側波の数は無限であるので，無限大の帯域幅が必要になるが，これは不可能なので，電力の99〔%〕以上が含まれる帯域幅を占有周波数帯幅としている.

使う公式

FM (F3E) 電波において，最大周波数偏移をΔf〔Hz〕，最高変調周波数をf_S〔Hz〕，変調指数をm_fとすると，占有周波数帯幅B〔Hz〕は，次式で表される.

$$B = 2(\Delta f + f_S) = 2(1 + m_f) f_S \text{〔Hz〕}$$

ただし，$m_f = \dfrac{\Delta f}{f_S}$ である.

$B = 2(\Delta f + f_S)$ の式を「カーソンの法則」というよ.

一般的な解き方!

まず，最大周波数偏移Δf〔Hz〕を求める. 変調指数$m_f = 4$，最高変調周波数$f_S = 12$〔kHz〕$= 12 \times 10^3$〔Hz〕なので，$m_f = \dfrac{\Delta f}{f_S}$ より，

$$\Delta f = m_f \times f_S = 4 \times 12 \times 10^3 = 48 \times 10^3 \text{〔Hz〕}$$

よって，占有周波数帯幅B〔Hz〕は，

$$B = 2(\Delta f + f_S) = 2(48\times10^3 + 12\times10^3) = 2\times60\times10^3 = 120\times10^3 \text{〔Hz〕} = 120 \text{〔kHz〕}$$

となる．

簡易的な解き方！

変調指数をm_f，最高変調周波数をf_S〔Hz〕とすると，占有周波数帯幅B〔Hz〕は，次式でも求めることができる．

$$B = 2(1 + m_f)f_S \text{〔Hz〕} \quad\quad\quad \cdots\cdots (1)$$

〔kHz〕単位で計算すると，次のようになる．

式(1)に変調指数$m_f = 4$，最高変調周波数$f_S = 12$〔kHz〕を代入すると，占有周波数帯幅B〔kHz〕は，

$$B = 2(1 + m_f)f_S = 2\times(1+4)\times12 = 120 \text{〔kHz〕}$$

となる．

正答 1

例題−2 FM（F3E）送信機の変調指数の値を求める問題

> FM（F3E）送信機において，最高変調周波数が15〔kHz〕で占有周波数帯幅が150〔kHz〕のときの変調指数の値として，最も近いものを下の番号から選べ．

1　12　　2　10　　3　8　　4　6　　5　4

問題を解くヒント！

「例題−1」と考え方は同じだが，この問題では変調指数を求める．

使う公式

「例題−1」の占有周波数帯幅を求める公式を使う．

FM（F3E）電波において，最大周波数偏移をΔf〔Hz〕，最高変調周波数をf_S〔Hz〕とすると，占有周波数帯幅B〔Hz〕は，次式で表される．

$$B = 2(\Delta f + f_S)\ \text{〔Hz〕} \qquad \cdots\cdots (1)$$

式(1)に$B = 150$〔kHz〕$= 150 \times 10^3$〔Hz〕，$f_S = 15$〔kHz〕$= 15 \times 10^3$〔Hz〕を代入してΔf〔Hz〕を求めると，

$$150 \times 10^3 = 2(\Delta f + 15 \times 10^3) = 2\Delta f + 30 \times 10^3 \qquad \cdots\cdots (2)$$

式(2)より，

$$2\Delta f = 120 \times 10^3$$

$$\Delta f = \frac{120 \times 10^3}{2} = 60 \times 10^3\ \text{〔Hz〕}$$

よって，変調指数m_fは，

$$m_f = \frac{\Delta f}{f_S} = \frac{60 \times 10^3}{15 \times 10^3} = 4$$

となる．

単位がすべて〔kHz〕なので，〔kHz〕の10^3を省略し，計算してもよい．

$$B = 2(\Delta f + f_S)\ \text{〔kHz〕} \qquad \cdots\cdots (1)$$

式(1)に$B = 150$〔kHz〕，$f_S = 15$〔kHz〕を代入してΔf〔kHz〕を求めると，

$$150 = 2(\Delta f + 15) = 2\Delta f + 30 \qquad \cdots\cdots (2)$$

式(2)より，

$$2\Delta f = 120$$

$$\Delta f = \frac{120}{2} = 60\ \text{〔kHz〕}$$

よって，変調指数m_fは，

$$m_f = \frac{\Delta f}{f_S} = \frac{60}{15} = 4$$

となる．

正答 5

例題－3 スーパヘテロダイン受信機の影像周波数の値を求める問題

　図に示す構成のスーパヘテロダイン受信機において，受信電波の周波数が149.6〔MHz〕のとき，影像周波数の値として，正しいものを下の番号から選べ．ただし，中間周波数は10.7〔MHz〕とし，局部発振器の発振周波数は受信周波数より低いものとする．

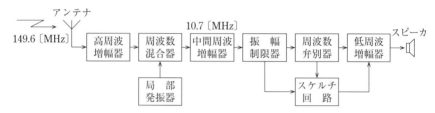

1　106.8〔MHz〕
2　117.5〔MHz〕
3　128.2〔MHz〕
4　138.9〔MHz〕
5　160.3〔MHz〕

問題を解くヒント！

　スーパヘテロダイン受信機は，受信周波数±2倍の中間周波数の電波があると混信を起こすことがある．これを影像周波数混信という．

使う公式

　受信周波数をf_R〔Hz〕，中間周波数をf_{IF}〔Hz〕，局部発振器の発振周波数をf_L〔Hz〕とすると，影像周波数f_I〔Hz〕は，次式で表される．

　$f_I = f_R \pm 2 f_{IF}$〔Hz〕　　　　　　　　　　　　……①

　式①は，f_Lがf_Rより低い（$f_R > f_L$）場合，次式のようになる．

　$f_I = f_R - 2 f_{IF}$〔Hz〕　　　　　　　　　　　　……②

　式①は，f_Lがf_Rより高い（$f_R < f_L$）場合，次式のようになる．

　$f_I = f_R + 2 f_{IF}$〔Hz〕　　　　　　　　　　　　……③

✐ **一般的な解き方！**

受信周波数を $f_R = 149.6$ [MHz] $= 149.6 \times 10^6$ [Hz]，中間周波数を $f_{IF} = 10.7$ [MHz] $= 10.7 \times 10^6$ [Hz] とすると，題意より，局部発振器の発振周波数 f_L が f_R より低いので，影像周波数 f_I [Hz] は，次式で表される．

$$f_I = f_R - 2f_{IF} \text{ [Hz]} \quad \cdots\cdots (1)$$

式 (1) に題意の数値を代入すると，

$$f_I = f_R - 2f_{IF} = 149.6 \times 10^6 - 2 \times 10.7 \times 10^6 = 149.6 \times 10^6 - 21.4 \times 10^6$$

$$= 128.2 \times 10^6 \text{ [Hz]} = 128.2 \text{ [MHz]}$$

となる．

掛け算を先にして，
引き算は後にするよ．

🔑 **簡易的な解き方！**

単位がすべて [MHz] なので，[MHz] の 10^6 を省略し，計算してもよい．

受信周波数を $f_R = 149.6$ [MHz]，中間周波数を $f_{IF} = 10.7$ [MHz] とすると，題意より，局部発振器の発振周波数 f_L が f_R より低いので，影像周波数 f_I [MHz] は，次式で表される．

$$f_I = f_R - 2f_{IF} \text{ [MHz]} \quad \cdots\cdots (1)$$

式 (1) に題意の数値を代入すると，

$$f_I = f_R - 2f_{IF} = 149.6 - 2 \times 10.7 = 149.6 - 21.4 = 128.2 \text{ [MHz]}$$

となる．

正答 3

❗ **参 考**

スーパヘテロダイン受信機は，受信周波数 f_R と局部発振器の発振周波数 f_L を混合し，中間周波数 f_{IF} を発生させるように構成されている．

(1) f_L が f_R より低い（$f_R > f_L$）場合，$f_{IF} = f_R - f_L$ となり，**図 3.1 (a)** に示すように，周波数 f_I が f_L より f_{IF} だけ低いところにあると，f_I が中間周波数に変換されるため妨害波になる．f_I を影像周波数と呼び，スーパヘテロダイン受信機特有の妨害を受

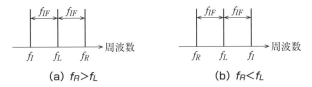

(a) $f_R > f_L$　　　　　　　　(b) $f_R < f_L$

図 3.1

ける周波数となる.

(2) f_L が f_R より高い（$f_R < f_L$）場合，$f_{IF} = f_L - f_R$ となり，**図3.1 (b)** に示すように，f_I は f_L より f_{IF} だけ高い周波数となる.

 例題－4 2段に縦続接続された増幅器の総合雑音指数の値を求める問題

2段に縦続接続された増幅器の総合の雑音指数の値（真数）として，最も近いものを下の番号から選べ．ただし，初段の増幅器の雑音指数を3〔dB〕，電力利得を10〔dB〕とし，次段の増幅器の雑音指数を10〔dB〕とする．また，$\log_{10} 2 = 0.3$ とする.

1　2.1

2　2.3

3　2.9

4　3.9

5　4.8

💡 **問題を解く ヒント！**

(1) 初段の増幅器の雑音指数3〔dB〕，次段の増幅器の雑音指数10〔dB〕，初段の増幅器の電力利得10〔dB〕をそれぞれ真数に変換することに注意する.

(2) $\log_{10} 2 = 0.3$ より，$10^{0.3} = 2$ である.

📖 **使う公式**

2段増幅器の初段の増幅器の雑音指数（真数）を F_1，次段の増幅器の雑音指数（真数）を F_2，初段の増幅器の電力利得（真数）を G_1 とすると，総合の雑音指数 F（真数）は，次式で表される.

$$F = F_1 + \frac{F_2 - 1}{G_1}$$

 一般的な 解き方！

まず，〔dB〕で与えられた増幅器の雑音指数，増幅器の電力利得を真数に変換する.

初段の増幅器の雑音指数3〔dB〕の真数を F_1 とすると，

$3 = 10 \log_{10} F_1$　　　　　　　　……(1)

式(1)の両辺を10で割ると,

$\quad 0.3 = \log_{10} F_1$　　　　　　　　……(2)

式(2)より,

$\quad F_1 = 10^{0.3} = 2$

次段の増幅器の雑音指数10〔dB〕の真数をF_2とすると,

$\quad 10 = 10 \log_{10} F_2$　　　　　　……(3)

式(3)の両辺を10で割ると,

$\quad 1 = \log_{10} F_1$　　　　　　　　……(4)

式(4)より,

$\quad F_2 = 10^1 = 10$

初段の増幅器の電力利得10〔dB〕の真数をG_1とすると,

$\quad 10 = 10 \log_{10} G_1$　　　　　　……(5)

式(5)の両辺を10で割ると,

$\quad 1 = \log_{10} G_1$　　　　　　　　……(6)

式(6)より,

$\quad G_1 = 10^1 = 10$

2段増幅器の初段の増幅器の雑音指数(真数)を$F_1 = 2$, 次段の増幅器の雑音指数(真数)を$F_2 = 10$, 初段の増幅器の電力利得(真数)を$G_1 = 10$とすると, 総合の雑音指数F(真数)は,

$$F = F_1 + \frac{F_2 - 1}{G_1} = 2 + \frac{10 - 1}{10} = 2 + 0.9 = 2.9$$

となる.

電力利得は
「10倍」だよ.

正答 3

例題−5 2段に縦続接続された増幅器の総合等価雑音温度の値を求める問題

2段に縦続接続された増幅器の総合の等価雑音温度の値として，最も近い
ものを下の番号から選べ．ただし，初段の増幅器の等価雑音温度を270〔K〕，
電力利得を6〔dB〕，次段の増幅器の等価雑音温度を400〔K〕とする．また，
$\log_{10}2 = 0.3$とする．

1　337〔K〕
2　370〔K〕
3　396〔K〕
4　445〔K〕
5　468〔K〕

問題を解くヒント！

(1) 初段の増幅器の電力利得6〔dB〕を真数に変換することに注意する．
(2) $\log_{10}2 = 0.3$ より，$10^{0.3} = 2$ である．

使う公式

2段増幅器の初段の増幅器の等価雑音温度を T_1〔K〕，次段の増幅器の等価雑音温度
を T_2〔K〕，初段の増幅器の電力利得を G_1（真数）とすると，総合の等価雑音温度 T_e〔K〕
は，次式で表される．

$$T_e = T_1 + \frac{T_2}{G_1} \text{〔K〕}$$

等価雑音温度の単位〔K〕は
ケルビンと読むよ．

一般的な解き方！

まず，〔dB〕で与えられた増幅器の電力利得を真数に変換する．
初段の増幅器の電力利得6〔dB〕の真数を G_1 とすると，

$6 = 10\log_{10}G_1$ ・・・・・・(1)

式(1)の両辺を10で割ると，

$0.6 = \log_{10}G_1$ ・・・・・・(2)

式(2)より，

$G_1 = 10^{0.6} = 10^{(0.3+0.3)} = 10^{0.3} \times 10^{0.3} = 2 \times 2 = 4$

2段増幅器の初段の増幅器の等価雑音温度を $T_1 = 270$ 〔K〕，次段の増幅器の等価雑音温度を $T_2 = 400$ 〔K〕，初段の増幅器の電力利得（真数）を $G_1 = 4$ とすると，総合の等価雑音温度 T_e 〔K〕は，

$$T_e = T_1 + \frac{T_2}{G_1} = 270 + \frac{400}{4} = 270 + 100 = 370 \text{ 〔K〕}$$

となる．

正答 2

例題－6 受信機の内部で発生した雑音を入力換算した等価雑音温度の値を求める問題

受信機の内部で発生した雑音を入力端に換算した等価雑音温度 T_e 〔K〕は，雑音指数を F（真数），周囲温度を T_o 〔K〕とすると，$T_e = T_o(F-1)$ 〔K〕で表すことができる．このとき雑音指数を 7 〔dB〕，周囲温度を 17 〔℃〕とすると，T_e の値として，最も近いものを下の番号から選べ．ただし，$\log_{10} 2 = 0.3$ とする．

1   580 〔K〕
2   870 〔K〕
3   1,160 〔K〕
4   1,450 〔K〕
5   2,030 〔K〕

問題を解くヒント！

(1) 受信機の雑音指数 7 〔dB〕を真数に変換することに注意する．
(2) 周囲温度〔℃〕を絶対温度〔K〕に変換することに注意する．
(3) $\log_{10} 2 = 0.3$ より，$10^{0.3} = 2$ である．

使う公式

(1) 周囲温度を T_o 〔K〕，雑音指数を F（真数）とすると，受信機の内部で発生した雑音を入力端に換算した等価雑音温度 T_e 〔k〕は，次式で表される．
$$T_e = T_o(F-1) \text{ 〔K〕}$$
(2) 絶対温度 T 〔K〕とセ氏温度 t 〔℃〕には，次の関係がある．
$$T = t + 273 \text{ 〔K〕}$$

セ氏温度 －273 〔℃〕を絶対零度と呼び，この温度を 0 〔K〕とするよ．

一般的な
解き方！

周囲温度 $t = 17$〔℃〕を絶対温度 T_o〔K〕の単位に変換すると，

$T_o = t + 273 = 17 + 273 = 290$〔K〕 ……（1）

受信機の雑音指数 7〔dB〕の真数を F とすると，

$7 = 10 \log_{10} F$ ……（2）

式（2）の両辺を 10 で割ると，

$0.7 = \log_{10} F$ ……（3）

式（3）より，

$F = 10^{0.7} = 10^{(1-0.3)} = 10^1 \times 10^{-0.3} = 10 \times \dfrac{1}{10^{0.3}} = 10 \times \dfrac{1}{2} = 5$ ……（4）

式（1），式（4）を題意で与えられた式に代入すると，等価雑音温度 T_e〔K〕は，

$T_e = T_o (F-1) = 290 (5-1) = 290 \times 4 = 1{,}160$〔K〕

となる．

正答 3

例題－7 受信機の雑音指数の値を求める問題

受信機の雑音指数（F）は，受信機の内部で発生した雑音を入力端に換算した等価雑音温度 T_e〔K〕と周囲温度 T_o〔K〕が与えられたとき，$F = 1 + T_e/T_o$ で表すことができる．T_e が 870〔K〕，周囲温度が 17〔℃〕のときの F をデシベルで表した値として，最も近いものを下の番号から選べ．ただし，$\log_{10} 2 = 0.3$ とする．

1 3〔dB〕

2 4〔dB〕

3 5〔dB〕

4 6〔dB〕

5 8〔dB〕

問題を解く
ヒント！

「例題－6」と考え方は同じだが，この問題では雑音指数をデシベル〔dB〕で求める．

使う公式

(1) 受信機の内部で発生した雑音を入力端に換算した等価雑音温度を T_e〔K〕，周囲温度を T_o〔K〕とすると，受信機の雑音指数 F（真数）は，次式で表される．

$$F = 1 + \frac{T_e}{T_o}$$

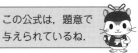
この公式は，題意で
与えられているね．

(2) 「例題−6」の絶対温度〔K〕を求める公式を使う．

(3) $y = \log_a x$ $(a > 0,\ a \neq 1)$ を，a を底とする x の対数関数という．

このとき，x を真数 $(x > 0)$ といい，底を 10 とする $y = \log_{10} x$ を常用対数という．

一陸特の国家試験に必要な対数の公式を次に示す．

$$\log_{10} x^n = n \log_{10} x$$

$$\log_{10} xy = \log_{10} x + \log_{10} y$$

$$\log_{10} \frac{x}{y} = \log_{10} x - \log_{10} y$$

 **一般的な解き方！**

周囲温度 $t = 17$〔℃〕を絶対温度 T_o〔K〕の単位に変換すると，

$T_o = t + 273 = 17 + 273 = 290$〔K〕

等価雑音温度 $T_e = 870$〔K〕，周囲温度 $T_o = 290$〔K〕を題意で与えられた式に代入すると，受信機の雑音指数 F（真数）は，

$$F = 1 + \frac{T_e}{T_o} = 1 + \frac{870}{290} = 1 + 3 = 4$$

$F = 4$ は真数なので，dB 表示すると，

$10 \log_{10} 4 = 10 \log_{10} 2^2 = 2 \times 10 \log_{10} 2 = 20 \times 0.3 = 6$〔dB〕

となる．

正答 4

例題-8 受信機の雑音出力を入力に換算した等価雑音電力の値を求める問題

受信機の雑音指数が3〔dB〕，等価雑音帯域幅が10〔MHz〕及び周囲温度が17〔℃〕のとき，この受信機の雑音出力を入力に換算した等価雑音電力の値として，最も近いものを下の番号から選べ．ただし，ボルツマン定数は 1.38×10^{-23}〔J/K〕，$\log_{10} 2 = 0.3$ とする．

1   5.3×10^{-14}〔W〕
2   8.0×10^{-14}〔W〕
3   1.6×10^{-13}〔W〕
4   3.2×10^{-13}〔W〕
5   6.4×10^{-13}〔W〕

問題を解くヒント！

(1) 受信機の雑音指数3〔dB〕を真数に変換することに注意する．
(2) 周囲温度〔℃〕を絶対温度〔K〕に変換することに注意する．
(3) $\log_{10} 2 = 0.3$ より，$10^{0.3} = 2$ である．

使う公式

(1) 受信機の雑音指数を F（真数），等価雑音帯域幅を B〔Hz〕，周囲温度を T〔K〕，ボルツマン定数を $k = 1.38 \times 10^{-23}$〔J/K〕とすると，等価雑音電力 N_i〔W〕は，次式で表される．

$$N_i = kTBF \text{〔W〕}$$

(2) 「例題-6」の絶対温度〔K〕を求める公式を使う．

一般的な解き方！

受信機の雑音指数3〔dB〕の真数を F とすると，

$\quad 3 = 10 \log_{10} F$ 　　　　　　　　　　　　　……（1）

式（1）の両辺を10で割ると，

$\quad 0.3 = \log_{10} F$ 　　　　　　　　　　　　　……（2）

式（2）より，

$\quad F = 10^{0.3} = 2$

周囲温度$t = 17$〔℃〕を絶対温度T〔K〕の単位に変換すると，

$$T = t + 273 = 17 + 273 = 290 \text{〔K〕}$$

受信機の雑音指数を$F = 2$（真数），等価雑音帯域幅を$B = 10$〔MHz〕$= 10 \times 10^6$〔Hz〕，周囲温度を$T = 290$〔K〕，ボルツマン定数を$k = 1.38 \times 10^{-23}$〔J/K〕とすると，等価雑音電力N_i〔W〕は，

$$Ni = kTBF = 1.38 \times 10^{-23} \times 290 \times 10 \times 10^6 \times 2$$
$$\fallingdotseq 800 \times 10^{-23} \times 10 \times 10^6 = 8.0 \times 10^{(-23+1+6+2)} = 8.0 \times 10^{-14} \text{〔W〕}$$

となる．

正答 2

参 考

・雑音指数F

(1) 増幅器は入力信号を増幅すると同時に雑音も増幅する．入力側の信号電力をS_i，雑音電力をN_i，出力側の信号電力をS_o，雑音電力をN_oとすると，入力側の信号対雑音比$\dfrac{S_i}{N_i}$，出力側の信号対雑音比$\dfrac{S_o}{N_o}$より，雑音指数Fは，次式で表される．

$$F = \frac{S_i/N_i}{S_o/N_o} \qquad \cdots\cdots (1)$$

(2) $\dfrac{S_o}{N_o}$は$\dfrac{S_i}{N_i}$より小さくなるので，Fの値は1より大きくなる．

・有能雑音電力

抵抗Rの両端には，抵抗内部に存在する電子の熱運動のため雑音電圧eが発生し，その大きさは，1〔Hz〕当り$e = \sqrt{4kTR}$〔V〕となることがわかっている．ただし，kはボルツマン係数で，$k = 1.38 \times 10^{-23}$〔J/K〕，T〔K〕は絶対温度である．これより，周波数帯域B〔Hz〕で発生する雑音電圧e〔V〕は，次式で表される．

$$e = \sqrt{4kTRB} \text{〔V〕} \qquad \cdots\cdots (2)$$

図3.2に示すように，周波数帯域B〔Hz〕の受信機の入力抵抗R〔Ω〕と雑音源が整合している場合，受信機に入力する有能雑音電力P_n〔W〕は，次式で表される．

$$P_n = i^2 R = \left(\frac{e}{R+R}\right)^2 R = \frac{e^2}{4R}$$
$$= \frac{4kTRB}{4R} = kTB \text{〔W〕} \qquad \cdots\cdots (3)$$

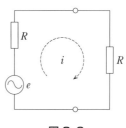

図3.2

増幅器で発生する雑音を入力に換算すると雑音指数 (真数) が F の場合, 等価雑音電力 N_i〔W〕は, 次式で表される.

$$N_i = kTBF \text{〔W〕} \qquad \cdots\cdots (4)$$

例題−9 受信機の等価雑音帯域幅の値を求める問題

受信機の雑音指数が3〔dB〕, 周囲温度が17〔℃〕及び受信機の雑音出力を入力に換算した等価雑音電力の値が 8.28×10^{-14}〔W〕のとき, この受信機の等価雑音帯域幅の値として, 最も近いものを下の番号から選べ. ただし, ボルツマン定数は 1.38×10^{-23}〔J/K〕, $\log_{10} 2 = 0.3$ とする.

1 5〔MHz〕
2 6〔MHz〕
3 8〔MHz〕
4 10〔MHz〕
5 12〔MHz〕

問題を解くヒント!

「例題−8」と考え方は同じだが, この問題では等価雑音帯域幅を求める.

使う公式

(1) 「例題−8」の等価雑音電力を求める公式を使う.
(2) 「例題−6」の絶対温度〔K〕を求める公式を使う.

一般的な解き方!

雑音指数3〔dB〕の真数を F とすると,

$$3 = 10 \log_{10} F \qquad \cdots\cdots (1)$$

式(1)の両辺を10で割ると,

$$0.3 = \log_{10} F \qquad \cdots\cdots (2)$$

式(2)より,

$$F = 10^{0.3} = 2$$

周囲温度 $t = 17$〔℃〕を絶対温度 T〔K〕の単位に変換すると,

$T = t + 273 = 17 + 273 = 290$ 〔K〕

受信機の雑音指数を F（真数），等価雑音帯域幅を B〔Hz〕，周囲温度を T〔K〕，ボルツマン定数を $k = 1.38 \times 10^{-23}$〔J/K〕とすると，等価雑音電力 N_i〔W〕は，次式で表される．

$N_i = kTBF$ 〔W〕　　　　　　　　　　　　……(1)

式(1)を変形して等価雑音帯域幅 B〔Hz〕を求めると，$F = 2$，$T = 290$〔K〕，$k = 1.38 \times 10^{-23}$〔J/K〕，$N_i = 8.28 \times 10^{-14}$〔W〕なので，

$$B = \frac{N_i}{kTF} = \frac{8.28 \times 10^{-14}}{1.38 \times 10^{-23} \times 290 \times 2} \fallingdotseq \frac{8.28 \times 10^{-14}}{800 \times 10^{-23}} = \frac{8.28 \times 10^{-14}}{8 \times 10^{-21}}$$

$$= 1.035 \times 10^7 = 10.35 \times 10^6 \text{〔Hz〕} \fallingdotseq 10 \text{〔MHz〕}$$

となる．

正答 4

4 レーダーの計算問題を解く

パルスレーダー送信機の最小探知距離からパルス幅の値を求める問題

パルスレーダー送信機において，最小探知距離が120〔m〕であった．このときのパルス幅の値として，最も近いものを下の番号から選べ．ただし，最小探知距離は，パルス幅のみによって決まるものとし，電波の伝搬速度を 3×10^8〔m/s〕とする．

1　0.4〔μs〕

2　0.6〔μs〕

3　0.8〔μs〕

4　1.25〔μs〕

5　2.5〔μs〕

問題を解くヒント！

最小探知距離はパルスレーダー送信機のパルス幅で決まる．

使う公式

(1) 図4.1 **(a)** に示すように，送信パルスと受信パルスが重なると送信パルスと受信パルスの識別ができず物標の探知は不可能になる．探知可能な状態は **(c)** に示すような状態の場合で，探知できる限界は **(b)** に示すような状態の場合である．

電波の速度を $c = 3 \times 10^8$〔m/s〕，パルスレーダー送信機のパルス幅を τ〔s〕とすると，最小探知距離R_{min}〔m〕は，次式で表される．

$$R_{min} = \frac{c\tau}{2} \text{〔m〕}$$

> τ はギリシャ文字で「タウ」と読むよ．

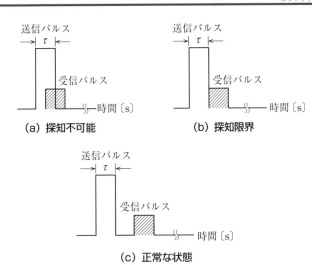

図4.1

(2) パルス幅τの単位を〔μs〕とすると，R_{min}〔m〕は，次式で表される．

$$R_{min} = \frac{c\tau}{2} = \frac{3 \times 10^8 \times \tau \times 10^{-6}}{2} = \frac{3 \times 10^2 \times \tau}{2} = 150\tau \text{〔m〕}$$

電波の速度を$c = 3 \times 10^8$〔m/s〕，パルスレーダー送信機のパルス幅をτ〔s〕とすると，最小探知距離R_{min}〔m〕は，次式で表される．

$$R_{min} = \frac{c\tau}{2} \text{〔m〕} \qquad\qquad \cdots\cdots (1)$$

式(1)に，$R_{min} = 120$〔m〕，$c = 3 \times 10^8$〔m/s〕を代入すると，

$$120 = \frac{3 \times 10^8 \tau}{2} \qquad\qquad \cdots\cdots (2)$$

式(2)より，

$$\tau = \frac{120 \times 2}{3 \times 10^8} = 80 \times 10^{-8} = 0.8 \times 10^{-6} \text{〔s〕} = 0.8 \text{〔}\mu\text{s〕}$$

となる．

パルス幅τの単位を〔μs〕とすると，最小探知距離R_{min}〔m〕は，次式で表される．

$$R_{min} = 150\tau \ \text{(m)} \qquad\qquad \cdots\cdots (1)$$

式(1) に $R_{min} = 120$ (m) を代入すると,

$$120 = 150\tau \qquad\qquad \cdots\cdots (2)$$

式(2) より,

$$\tau = \frac{120}{150} = 0.8 \ \text{(μs)}$$

となる.

$R_{min} = 150\tau$ を使う場合, τ の単位は (μs) でなければならないよ. この問題の選択肢はみんな (μs) だから, こっちのほうが簡単だね.

正答 3

例題－2 パルスレーダー送信機の最小探知距離の値を求める問題

　パルスレーダー送信機において, パルス幅が0.7 (μs) のときの最小探知距離の値として, 最も近いものを下の番号から選べ. ただし, 最小探知距離は, パルス幅のみによって決まるものとし, 電波の伝搬速度を 3×10^8 (m/s) とする.

1　　35 (m)
2　　70 (m)
3　105 (m)
4　210 (m)
5　420 (m)

問題を解くヒント！

「例題－1」と考え方は同じだが, この問題では最小探知距離を求める.

使う公式

「例題－1」の最小探知距離を求める公式を使う.

一般的な解き方！

電波の速度を $c = 3 \times 10^8$ (m/s), パルスレーダー送信機のパルス幅を $\tau = 0.7$ (μs) $= 0.7 \times 10^{-6}$ (s) とすると, 最小探知距離 R_{min} (m) は,

$$R_{min} = \frac{c\tau}{2} = \frac{3 \times 10^8 \times 0.7 \times 10^{-6}}{2} = \frac{2.1 \times 10^2}{2} = 105 \text{ [m]}$$

となる.

🔑 簡易的な 解き方！

パルス幅 τ の単位を [μs] とすると，最小探知距離 R_{min} [m] は，
$$R_{min} = 150\,\tau = 150 \times 0.7 = 105 \text{ [m]}$$
となる.

正答 3

例題－3 パルスレーダーにおいて物標までの距離の値を求める問題

パルスレーダーにおいて，パルス波が発射されてから，物標による反射波が受信されるまでの時間が65 [μs] であった. このときの物標までの距離の値として，最も近いものを下の番号から選べ.

1　　2,437 [m]

2　　4,875 [m]

3　　9,750 [m]

4　14,625 [m]

5　19,500 [m]

💡 問題を解く ヒント！

物標による反射波が受信されるまでの時間は，レーダーと物標の往復時間である.

📖 使う公式

(1) 図 **4.2** に示すように，レーダー送信機から繰返し周期 T [s] のパルス波を発射すると，物標に反射して，t [s] 遅れて戻ってきたパルスが受信される. 遅れ時間の t [s] は，電波の往復時間である. 電波の速度を $c = 3 \times 10^8$ [m/s] とすると，レーダーと物標までの距離 R [m] は，次式で表される.

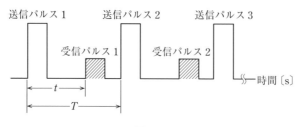

図4.2

$$R = \frac{ct}{2} \ [\text{m}]$$

(2) 反射波が受信されるまでの時間 t の単位を $[\mu s]$ とすると，レーダーと物標までの距離 R $[\text{m}]$ は，次式で表される．

$$R = \frac{ct}{2} = \frac{3 \times 10^8 \times t \times 10^{-6}}{2} = \frac{3 \times 10^2 \times t}{2} = 150t \ [\text{m}]$$

電波の速度を $c = 3 \times 10^8 [\text{m/s}]$，反射波が受信されるまでの時間を $65[\mu s] = 65 \times 10^{-6}$ $[s]$ とすると，レーダーと物標までの距離 R $[\text{m}]$ は，

$$R = \frac{ct}{2} = \frac{3 \times 10^8 \times 65 \times 10^{-6}}{2} = \frac{195 \times 10^2}{2} = 9,750 \ [\text{m}]$$

となる．

簡易的な 解き方！

反射波が受信されるまでの時間 t の単位を $[\mu s]$ とすると，レーダーと物標までの距離 R $[\text{m}]$ は，

$$R = 150t = 150 \times 65 = 9,750 \ [\text{m}]$$

となる．

正答 3

5 アンテナの計算問題を解く

例題－1 半波長ダイポールアンテナの実効長の値を求める問題

固有周波数400〔MHz〕の半波長ダイポールアンテナの実効長の値として，最も近いものを下の番号から選べ．ただし，$\pi = 3.14$とする．

1　12.0〔cm〕　　2　13.1〔cm〕　　3　17.5〔cm〕　　4　20.8〔cm〕　　5　23.9〔cm〕

問題を解くヒント！

半波長ダイポールアンテナの電流分布は場所により異なる．電流分布を一定と仮定したときのアンテナの長さを実効長という．

使う公式

(1) 周波数をf〔Hz〕，電波の速度を$c = 3 \times 10^8$〔m/s〕とすると，電波の波長λ〔m〕は，次式で表される．

$$\lambda = \frac{c}{f} = \frac{3 \times 10^8}{f} \text{〔m〕}$$

(2) 周波数fの単位を〔MHz〕とすると，電波の波長λ〔m〕は，次式で表される．

$$\lambda = \frac{300}{f\text{〔MHz〕}} \text{〔m〕}$$

(3) 電波の波長をλ〔m〕とすると，半波長ダイポールアンテナ実効長h_e〔m〕は，次式で表される．

$$h_e = \frac{\lambda}{\pi} \text{〔m〕}$$

λはギリシャ文字で「ラムダ」と読むよ．

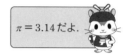
一般的な
解き方！

周波数を$f = 400$〔MHz〕$= 400 \times 10^6$〔Hz〕, 電波の速度を$c = 3 \times 10^8$〔m/s〕とすると, 電波の波長λ〔m〕は,

$$\lambda = \frac{c}{f} = \frac{3 \times 10^8}{400 \times 10^6} = \frac{3}{4} = 0.75 \text{〔m〕}$$

よって, 半波長ダイポールアンテナの実効長h_e〔m〕は,

$$h_e = \frac{\lambda}{\pi} = \frac{0.75}{3.14} ≒ 0.239 \text{〔m〕} = 23.9 \times 10^{-2} \text{〔m〕} = 23.9 \text{〔cm〕}$$

となる.

$\pi = 3.14$だよ.

簡易的な
解き方！

周波数$f = 400$〔MHz〕を〔MHz〕単位のまま計算すると,

$$\lambda = \frac{300}{f} = \frac{300}{400} = \frac{3}{4} = 0.75 \text{〔m〕}$$

よって, 半波長ダイポールアンテナの実効長h_e〔m〕は,

$$h_e = \frac{\lambda}{\pi} = \frac{0.75}{3.14} ≒ 0.239 \text{〔m〕} = 23.9 \times 10^{-2} \text{〔m〕} = 23.9 \text{〔cm〕}$$

となる.

正答 5

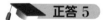
参　考

図5.1に示すように, 半波長ダイポールアンテナの電流分布は, 中央で最大のI〔A〕, 先端部分で最小になる. 図5.2に示すように, 電流I〔A〕に等しい電流が均一に流れる等価アンテナを考えたほうが便利なことがある. この等価アンテナの長さを実効長h_e〔m〕と呼んでいる.

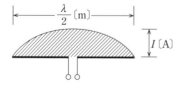

図5.1　半波長ダイポール
　　　　アンテナの電流分布

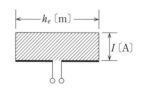

図5.2　半波長ダイポール
　　　　アンテナの実効長

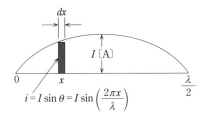

図 5.3

図5.1 の弓形の面積は，次のように計算する.

図5.3 の曲線の方程式を，$i = I\sin\theta$ とする. $\frac{\lambda}{2}$ 〔m〕が π〔rad〕で，曲線の任意の位置を x〔m〕とし，それに対応する角度を θ〔rad〕とすると，次式が成立する.

$$\frac{\lambda}{2} : \pi = x : \theta \qquad \cdots\cdots (1)$$

式(1) より，

$$\theta = \frac{2\pi x}{\lambda} \qquad \cdots\cdots (2)$$

式(2) を $i = I\sin\theta$ に代入すると，

$$i = I\sin\frac{2\pi x}{\lambda} \qquad \cdots\cdots (3)$$

式(3) を $0 \sim \frac{\lambda}{2}$ まで積分すると，弓形の面積 S が求められる.

$$S = \int_0^{\frac{\lambda}{2}} i\,dx = \int_0^{\frac{\lambda}{2}} I\sin\frac{2\pi x}{\lambda}\,dx = \frac{\lambda I}{2\pi}\left[-\cos\frac{2\pi x}{\lambda}\right]_0^{\frac{\lambda}{2}}$$

$$= \frac{\lambda I}{2\pi}\{1-(-1)\} = \frac{\lambda I}{\pi} \qquad \cdots\cdots (4)$$

式(4) が Ih_e に等しいので，

$$\frac{\lambda I}{\pi} = Ih_e \qquad \cdots\cdots (5)$$

式(5) より，

$$h_e = \frac{\lambda}{\pi}\ \text{〔m〕}$$

となる.

例題－2　アンテナの絶対利得を相対利得で表す問題

絶対利得が14〔dB〕のアンテナを半波長ダイポールアンテナに対する相対利得で表したときの値として，最も近いものを下の番号から選べ．ただし，アンテナの損失はないものとする．

1　7.55〔dB〕　　2　9.70〔dB〕　　3　10.30〔dB〕　　4　11.85〔dB〕　　5　16.15〔dB〕

問題を解くヒント！

アンテナの利得には，無指向性の等方性アンテナを基準にした絶対利得（absolute gain）と半波長ダイポールアンテナを基準にした相対利得（relative gain）がある．

使う公式

絶対利得を G_a〔dB〕，相対利得を G_r〔dB〕とすると，**図5.4**に示すように G_a〔dB〕は，次式で表される．

$$G_a = G_r + 2.15 \text{〔dB〕}$$

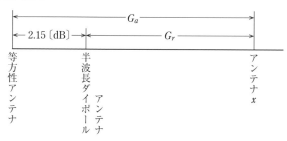

図5.4

絶対利得を相対利得で表すには，2.15〔dB〕を加え，相対利得を絶対利得で表すには，2.15〔dB〕を引くよ．

一般的な解き方！

相対利得を G_r〔dB〕とすると，絶対利得 G_a〔dB〕は，次式で表される．

$$G_a = G_r + 2.15 \text{〔dB〕} \qquad \cdots\cdots (1)$$

式(1)を変形し，$G_a = 14$〔dB〕を代入して，G_r〔dB〕を求めると，

$$G_r = G_a - 2.15 = 14 - 2.15 = 11.85 \,[\text{dB}]$$

となる.

正答 4

例題-3 アンテナの相対利得を絶対利得で表す問題

半波長ダイポールアンテナに対する相対利得が11.5〔dB〕のアンテナを絶対利得で表したときの値として,最も近いものを下の番号から選べ.ただし,アンテナの損失はないものとする.

1　7.20〔dB〕　　2　9.35〔dB〕　　3　10.25〔dB〕　　4　12.30〔dB〕　　5　13.65〔dB〕

問題を解く
ヒント!

「例題-2」と考え方は同じだが,この問題では絶対利得を求める.

使う公式

「例題-2」と同じ絶対利得を求める公式を使う.

一般的な
解き方!

相対利得を G_r〔dB〕とすると,絶対利得 G_a〔dB〕は,次式で表される.

$$G_a = G_r + 2.15 \,[\text{dB}] \qquad\qquad \cdots\cdots (1)$$

式(1)に $G_r = 11.5$〔dB〕を代入して,G_a〔dB〕を求めると,

$$G_a = G_r + 2.15 = 11.5 + 2.15 = 13.65 \,[\text{dB}]$$

となる.

正答 5

例題−4 等価等方輻射電力の値を求める問題

> 無線局の送信アンテナの絶対利得が37〔dBi〕，送信アンテナに供給される
> 電力が40〔W〕のとき，等価等方輻射電力（EIRP）の値として，最も近いも
> のを下の番号から選べ．ただし，等価等方輻射電力P_E〔W〕は，送信アンテ
> ナに供給される電力をP_T〔W〕，送信アンテナの絶対利得をG_T（真数）とす
> ると，次式で表されるものとする．
>
> 　また，1〔W〕を0〔dBW〕とし，$\log_{10} 2 = 0.3$とする．
>
> 　　$P_E = P_T \times G_T$〔W〕

1　41〔dBW〕　　2　53〔dBW〕　　3　69〔dBW〕　　4　77〔dBW〕　　5　83〔dBW〕

問題を解くヒント！

(1) 等価等方輻射電力（EIRP）とは，アンテナに供給される電力に与えられた方向に
　　おけるアンテナの絶対利得を乗じたものをいう．

(2) $\log_{10} 2 = 0.3$ より，$10^{0.3} = 2$ である．

(3) 〔dBi〕は等方性アンテナ（isotropic antena）を基準としたアンテナの利得を表す．

> 〔dBi〕のiは等方性（isotropic）のiで
> 単位じゃないよ．

使う公式

(1) 送信アンテナに供給される電力をP_T〔W〕，送信アンテナの絶対利得をG_T（真数）
　　とすると，等価等方輻射電力P_E〔W〕は，次式で表される．

　　　$P_E = P_T \times G_T$〔W〕

(2) $y = \log_a x \ (a > 0, \ a \neq 1)$ を，aを底とするxの対数関数という．

　　このとき，xを真数 $(x > 0)$ といい，底を10とする$y = \log_{10} x$を常用対数という．

　　一陸特の国家試験に必要な対数の公式を次に示す．

　　　$\log_{10} x^n = n \log_{10} x$

　　　$\log_{10} xy = \log_{10} x + \log_{10} y$

　　　$\log_{10} \dfrac{x}{y} = \log_{10} x - \log_{10} y$

一般的な
解き方！

送信アンテナの絶対利得 37〔dBi〕の真数を G_T とすると，次式で表される．

$37 = 10 \log_{10} G_T$ 　　　　　　　　　……(1)

式(1)の両辺を 10 で割ると，

$3.7 = \log_{10} G_T$ 　　　　　　　　　……(2)

式(2)より，

$G_T = 10^{3.7} = 10^{(4-0.3)} = \dfrac{10^4}{10^{0.3}} = \dfrac{10,000}{2} = 5,000$ 　　　　……(3)

よって，送信アンテナに供給される電力を $P_T = 40$〔W〕とすると，等価等方輻射電力 P_E〔W〕は，

$P_E = P_T \times G_T = 40 \times 5,000 = 200,000 = 2 \times 10^5$〔W〕 　　……(4)

式(4)を dBW 表示すると，

$$\begin{aligned} 10 \log_{10}(2 \times 10^5) &= 10(\log_{10} 2 + \log_{10} 10^5) \\ &= 10(0.3 + 5) \\ &= 53 \ \text{〔dBW〕} \end{aligned}$$

真数の掛け算は dB の足し算だよ．
$\log_{10} 10 = 1$ だから，
$\log_{10} 10^5 = 5 \times \log_{10} 10 = 5$ だね．

となる．

簡易的な
解き方！

送信アンテナに供給される電力 $P_T = 40$〔W〕を〔dBW〕単位に変換すると，P_T〔dBW〕は，

$$\begin{aligned} 10 \log_{10} 40 &= 10 \log_{10}(2^2 \times 10) = 10(\log_{10} 2^2 + \log_{10} 10) \\ &= 10(2 \times 0.3 + 1) = 10 \times 1.6 = 16 \ \text{〔dBW〕} \end{aligned}$$

よって，送信アンテナの絶対利得が $G_T = 37$〔dBi〕なので，等価等方輻射電力 P_E〔dBW〕は，

$P_E = P_T + G_T = 16 + 37 = 53$〔dBW〕

となる．

真数で計算するより，〔dB〕で
計算するほうが簡単だね．

正答 2

例題-5 ブラウンアンテナの放射素子の長さの値を求める問題

図に示す，周波数170〔MHz〕用のブラウンアンテナの放射素子の長さ l の値として，最も近いものを下の番号から選べ．

1　0.20〔m〕
2　0.26〔m〕
3　0.32〔m〕
4　0.38〔m〕
5　0.44〔m〕

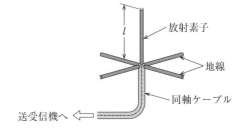

放射素子
地線
同軸ケーブル
送受信機へ ⇐

 問題を解くヒント！

ブラウンアンテナの放射素子の長さは，使用する電波の波長の 1/4 の長さである．

使う公式

「例題-1」の電波の波長を求める公式を使う．

一般的な解き方！

周波数を $f=170$〔MHz〕$=170\times10^6$〔Hz〕，電波の速度を $c=3\times10^8$〔m/s〕とすると，電波の波長 λ〔m〕は，

$$\lambda=\frac{c}{f}=\frac{3\times10^8}{170\times10^6}=\frac{300}{170}=\frac{30}{17}\text{〔m〕}$$

ブラウンアンテナの放射素子の長さ l〔m〕は，1/4 波長なので，

$$l=\frac{\lambda}{4}=\frac{1}{4}\times\frac{30}{17}=\frac{30}{68}≒0.44\text{〔m〕}$$

となる．

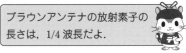
ブラウンアンテナの放射素子の長さは，1/4 波長だよ．

簡易的な解き方！

周波数 $f=170$〔MHz〕を〔MHz〕単位のまま計算すると，

$$\lambda=\frac{300}{f}=\frac{300}{170}=\frac{30}{17}\text{〔m〕}$$

ブラウンアンテナの放射素子の長さ l 〔m〕は，1/4 波長なので，

$$l = \frac{\lambda}{4} = \frac{1}{4} \times \frac{30}{17} = \frac{30}{68} \fallingdotseq 0.44 \text{〔m〕}$$

となる．

正答 5

例題－6　スリーブアンテナの放射素子の長さの値を求める問題

　図に示す，周波数 130 〔MHz〕用のスリーブアンテナの放射素子の長さ l の値として，最も近いものを下の番号から選べ．

1　0.39〔m〕
2　0.49〔m〕
3　0.58〔m〕
4　0.65〔m〕
5　0.81〔m〕

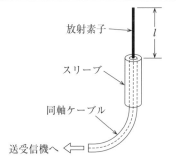

放射素子
l
スリーブ
同軸ケーブル
送受信機へ

問題を解く
ヒント！

スリーブアンテナの放射素子の長さは，使用する電波の波長の 1/4 の長さである．

📖 使う公式

「例題－1」の電波の波長を求める公式を使う．

✏ 一般的な
解き方！

　周波数を $f = 130$ 〔MHz〕$= 130 \times 10^6$ 〔Hz〕，電波の速度を $c = 3 \times 10^8$ 〔m/s〕とすると，電波の波長 λ 〔m〕は，

$$\lambda = \frac{c}{f} = \frac{3 \times 10^8}{130 \times 10^6} = \frac{300}{130} = \frac{30}{13} \text{〔m〕}$$

スリーブアンテナの放射素子の長さ l 〔m〕は，1/4 波長なので，

$$l = \frac{\lambda}{4} = \frac{1}{4} \times \frac{30}{13} = \frac{30}{52} \fallingdotseq 0.58 \text{ [m]}$$

となる.

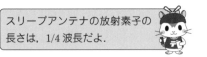

スリーブアンテナの放射素子の
長さは，1/4波長だよ.

🔑 **簡易的な 解き方！**

周波数 $f = 130$ 〔MHz〕を〔MHz〕単位のまま計算すると，

$$\lambda = \frac{300}{f} = \frac{300}{130} = \frac{30}{13} \text{ [m]}$$

スリーブアンテナの放射素子の長さ l 〔m〕は，1/4波長なので，

$$l = \frac{\lambda}{4} = \frac{1}{4} \times \frac{30}{13} = \frac{30}{52} \fallingdotseq 0.58 \text{ [m]}$$

となる.

正答 3

例題－7 利得を持つ八木・宇田アンテナの供給電力の値を求める問題

半波長ダイポールアンテナに対する相対利得が12〔dB〕の八木・宇田アンテナ（八木アンテナ）から送信した最大放射方向にある受信点の電界強度は，同じ送信点から半波長ダイポールアンテナに8〔W〕の電力を供給し送信したときの，最大放射方向にある同じ受信点の電界強度と同じであった．このときの八木・宇田アンテナ（八木アンテナ）の供給電力の値として，最も近いものを下の番号から選べ．ただし，アンテナの損失はないものとする．また，$\log_{10} 2 = 0.3$ とする.

1　0.1〔W〕　　2　0.125〔W〕　　3　0.25〔W〕　　4　0.5〔W〕　　5　1.0〔W〕

💡 **問題を解く ヒント！**

（1）相対利得12〔dB〕を真数に変換することに注意する.

（2）$\log_{10} 2 = 0.3$ より，$10^{0.3} = 2$ である.

使う公式

(1) 供給電力を P〔W〕，送受信点間の距離を d〔m〕とすると，電界強度 E〔V/m〕は，次式で表される．

$$E = \frac{7\sqrt{P}}{d} \text{〔V/m〕}$$

(2) 相対利得 G（真数）のアンテナから供給電力 P〔W〕を放射した場合，送受信点間の距離を d〔m〕とすると，電界強度 E〔V/m〕は，次式で表される．

$$E = \frac{7\sqrt{GP}}{d} \text{〔V/m〕}$$

一般的な解き方！

八木・宇田アンテナの相対利得 12〔dB〕の真数を G とすると，

$$12 = 10\log_{10} G \qquad \cdots\cdots (1)$$

式(1) の両辺を 10 で割ると，

$$1.2 = \log_{10} G \qquad \cdots\cdots (2)$$

式(2) より，

$$G = 10^{1.2} = 10^{(0.3+0.3+0.3+0.3)}$$
$$= 10^{0.3} \times 10^{0.3} \times 10^{0.3} \times 10^{0.3} = 2 \times 2 \times 2 \times 2 = 16 \quad \cdots\cdots (3)$$

電力利得は「10倍」だよ．

半波長ダイポールアンテナに $P = 8$〔W〕の供給電力を供給したとき，距離 d〔m〕離れた点の電界強度 E〔V/m〕は，

$$E = \frac{7\sqrt{P}}{d} = \frac{7\sqrt{8}}{d} \qquad \cdots\cdots (4)$$

相対利得 $G = 16$（真数）の八木・宇田アンテナに供給電力 P〔W〕を供給したとき，距離 d〔m〕離れた点における電界強度 E〔V/m〕は，

$$E = \frac{7\sqrt{GP}}{d} = \frac{7\sqrt{16P}}{d} \qquad \cdots\cdots (5)$$

式(4) ＝式(5) より，

$$\sqrt{8} = \sqrt{16P} \qquad \cdots\cdots (6)$$

式(6) の両辺を 2 乗すると，

$$8 = 16P \qquad \cdots\cdots (7)$$

式(7) より，

$$P = 0.5 \text{〔W〕}$$

となる．

正答 4

八木・宇田アンテナの相対利得の値を求める問題

半波長ダイポールアンテナに4〔W〕の電力を供給し送信したとき，最大放射方向にある受信点の電界強度が2〔mV/m〕であった．同じ送信点から，八木・宇田アンテナ（八木アンテナ）に1〔W〕の電力を供給し送信したとき，最大放射方向にある同じ距離の同じ受信点での電界強度が4〔mV/m〕となった．八木・宇田アンテナ（八木アンテナ）の半波長ダイポールアンテナに対する相対利得の値として，最も近いものを下の番号から選べ．ただし，アンテナの損失はないものとする．また，$\log_{10}2 = 0.3$とする．

1　6〔dB〕　　　2　9〔dB〕　　　3　12〔dB〕　　　4　15〔dB〕　　　5　18〔dB〕

問題を解く
ヒント！

「例題－7」と考え方は同じだが，この問題では相対利得を求める．

使う公式

(1) 「例題－7」の電界強度を求める公式を使う．
(2) 真数Aのアンテナ利得をdB表示すると，次式が成立する．
$$10 \log_{10}A \ \text{〔dB〕}$$
(3) 「例題－4」の対数の公式を使う．

一般的な
解き方！

半波長ダイポールアンテナにP〔W〕の供給電力を供給したとき，距離d〔m〕離れた点の電界強度E〔V/m〕は，次式で表される．

$$E = \frac{7\sqrt{P}}{d} \qquad \cdots\cdots (1)$$

相対利得G（真数）の八木・宇田アンテナにP〔W〕の供給電力を供給したとき，距離d〔m〕離れた点における電界強度E〔V/m〕は，次式で表される．

$$E = \frac{7\sqrt{GP}}{d} \qquad \cdots\cdots (2)$$

式(1)に$P = 4$〔W〕，$E = 2$〔mV/m〕$= 2 \times 10^{-3}$〔V/m〕$= 0.002$〔V/m〕を代入すると，

$$0.002 = \frac{7\sqrt{4}}{d} \qquad \cdots\cdots (3)$$

式(2)に $P = 1$〔W〕, $E = 4$〔mV/m〕$= 4 \times 10^{-3}$〔V/m〕$= 0.004$〔V/m〕を代入すると,

$$0.004 = \frac{7\sqrt{G}}{d} \qquad \cdots\cdots (4)$$

式(3)を変形して d〔m〕を求めると,

$$d = \frac{7\sqrt{4}}{0.002} \qquad \cdots\cdots (5)$$

式(4)を変形して d〔m〕を求めると,

$$d = \frac{7\sqrt{G}}{0.004} \qquad \cdots\cdots (6)$$

式(5)＝式(6)より,

$$\frac{7\sqrt{4}}{0.002} = \frac{7\sqrt{G}}{0.004} \qquad \cdots\cdots (7)$$

$\dfrac{a}{b} = \dfrac{c}{d}$ は,

$ad = bc$ だよ.

式(7)より,

$$7\sqrt{4} \times 0.004 = 7\sqrt{G} \times 0.002$$
$$2 \times 0.004 = \sqrt{G} \times 0.002$$
$$4 = \sqrt{G} \qquad \cdots\cdots (8)$$

式(8)の両辺を2乗すると,

$G = 16$（真数）

よって, 相対利得16（真数）をdB表示すると,

$$10 \log_{10} 16 = 10 \log_{10} 2^4 = 4 \times 10 \log_{10} 2 = 4 \times 10 \times 0.3 = 12 \text{〔dB〕}$$

となる.

正答 3

例題-9 パラボラアンテナの開口効率の値を求める問題

18〔GHz〕の周波数の電波で使用する回転放物面の開口面積が0.4〔m²〕で絶対利得が40〔dB〕のパラボラアンテナの開口効率の値として，最も近いものを下の番号から選べ．

1 35〔%〕
2 40〔%〕
3 45〔%〕
4 50〔%〕
5 55〔%〕

問題を解く
ヒント！

(1) 絶対利得40〔dB〕を真数に変換することに注意する．
(2) $\log_{10} 2 = 0.3$ より，$10^{0.3} = 2$ である．

使う公式

(1) 「例題-1」の電波の波長を求める公式を使う．
(2) 電波の波長を λ〔m〕，開口面積を S〔m²〕，開口効率を η とすると，パラボラアンテナの絶対利得 G〔dB〕は，次式で表される．

$$G = 10 \log_{10} \left(\frac{4\pi S}{\lambda^2} \eta \right) \text{〔dB〕}$$

> パラボラアンテナの開口面積と電気的に有効な面積の比を開口効率というよ．一般的に，開口効率は 60 〜 70〔%〕程度だよ．η はギリシャ文字で「イータ」と読むよ．

一般的な
解き方！

周波数を $f = 18$〔GHz〕$= 18 \times 10^9$〔Hz〕，電波の速度を $c = 3 \times 10^8$〔m/s〕とすると，電波の波長 λ〔m〕は，

$$\lambda = \frac{c}{f} = \frac{3 \times 10^8}{18 \times 10^9} = \frac{1}{60} \text{〔m〕}$$

電波の波長を λ〔m〕，開口面積を S〔m²〕，開口効率を η とすると，パラボラアンテナの絶対利得 G〔dB〕は，次式で表される．

$$G = 10 \log_{10} \left(\frac{4\pi S}{\lambda^2} \eta \right) \text{〔dB〕} \qquad\qquad \cdots\cdots (1)$$

式(1) より，絶対利得 $G = 40$ 〔dB〕の真数を求めると，

$$40 = 10 \log_{10} \left(\frac{4\pi S}{\lambda^2} \eta \right)$$
　　　　　…… (2)

式(2) の両辺を 10 で割ると，

$$4 = \log_{10} \left(\frac{4\pi S}{\lambda^2} \eta \right)$$
　　　　　…… (3)

式(3) より，

$$\left(\frac{4\pi S}{\lambda^2} \eta \right) = 10^4$$
　　　　　…… (4)

したがって，パラボラアンテナの絶対利得 G (真数) は，10^4 となる．

式(4) にそれぞれの数値を代入して開口効率 η を求めると，

$$\frac{4\pi \times 0.4 \times \eta}{\left(\dfrac{1}{60} \right)^2} = 10^4$$
　　　　　…… (5)

式(5) より，

$$\eta = \frac{10^4}{4\pi \times 0.4 \times 60^2} = \frac{10,000}{18,086.4} \fallingdotseq 0.55$$

よって，55 〔%〕となる．

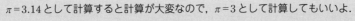

$\pi = 3.14$ として計算すると計算が大変なので，$\pi = 3$ として計算してもいいよ．

$$\eta = \frac{10^4}{4\pi \times 0.4 \times 60^2} \fallingdotseq \frac{10^4}{12 \times 0.4 \times 3,600} = \frac{10}{4.8 \times 3.6} = \frac{10}{17.28}$$

$\dfrac{10}{17.28}$ は少なくても 0.5 (50〔%〕) より大きくなるので，選択肢で該当する

ものは「5」とすることもできるよ．

正答 5

6 電波伝搬の計算問題を解く

例題－1 **マイクロ波回線における受信機入力電力の値を求める問題**

　図に示すマイクロ波回線において，A局から送信機出力電力0.5〔W〕で送信したときのB局の受信機入力電力の値として，最も近いものを下の番号から選べ．ただし，自由空間基本伝送損失を135〔dB〕，送信及び受信アンテナの絶対利得をそれぞれ40〔dB〕，送信及び受信帯域フィルタ（BPF）の損失をそれぞれ1〔dB〕，送信及び受信給電線の長さをそれぞれ15〔m〕とし，給電線損失を0.2〔dB/m〕とする．また，1〔mW〕を0〔dBm〕，$\log_{10}2 = 0.3$とする．

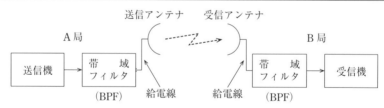

1　-27〔dBm〕

2　-33〔dBm〕

3　-36〔dBm〕

4　-39〔dBm〕

5　-42〔dBm〕

 **問題を解く ヒント！**

（1）送信機出力電力の〔W〕単位を〔dBm〕単位に変換することに注意する．

（2）$\log_{10}2 = 0.3$より，$10^{0.3} = 2$である．

使う公式

(1) 〔W〕単位の送信機出力電力を〔dBm〕単位に変換するには，送信機出力を x〔mW〕
単位に変換した後，$10 \log_{10} x$〔dBm〕で計算する．

(2) $y = \log_a x \ (a > 0, \ a \neq 1)$ を，a を底とする x の対数関数という．

このとき，x を真数（$x > 0$）といい，底を 10 とする $y = \log_{10} x$ を常用対数という．

一陸特の国家試験に必要な対数の公式を次に示す．

$$\log_{10} x^n = n \log_{10} x$$

$$\log_{10} xy = \log_{10} x + \log_{10} y$$

$$\log_{10} \frac{x}{y} = \log_{10} x - \log_{10} y$$

(3) 送信機出力電力を P_T〔dBm〕，送信帯域フィルタの損失を FL_T〔dB〕，送信給電線の
損失を F_T〔dB〕，送信アンテナの絶対利得を G_T〔dB〕，自由空間基本伝送損失を Γ
〔dB〕，受信アンテナの絶対利得を G_R〔dB〕，受信給電線の損失を F_R〔dB〕，受信帯域
フィルタの損失を FL_R〔dB〕とすると，受信機入力電力 P_R〔dBm〕は，次式で表される．

$$P_R = P_T - FL_T - F_T + G_T - \Gamma + G_R - F_R - FL_R \ 〔dBm〕$$

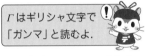

Γ はギリシャ文字で
「ガンマ」と読むよ．

 一般的な解き方！

送信機出力電力 $P_T = 0.5$〔W〕を〔dBm〕単位に変換する．0.5〔W〕$= 500 \times 10^{-3}$〔W〕$=$
500〔mW〕であるので，送信機出力電力 P_T〔dBm〕は，

$$P_T = 10 \log_{10} 500 = 10 \log_{10} \frac{1,000}{2} = 10 (\log_{10} 1,000 - \log_{10} 2)$$

$$= 10 (\log_{10} 10^3 - \log_{10} 2) = 10 \, (3 \times \log_{10} 10 - \log_{10} 2)$$

$$= 10 (3 - 0.3) = 10 \times 2.7 = 27 \ 〔dBm〕$$

電力は
「10倍」だよ．

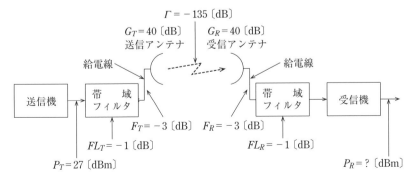

図6.1

　題意より，送信帯域フィルタの損失 $FL_T=1$〔dB〕，15〔m〕の長さの送信給電線の損失 $F_T=0.2$〔dB/m〕×15〔m〕=3〔dB〕，送信アンテナの絶対利得 $G_T=40$〔dB〕，自由空間基本伝送損失 $\Gamma=135$〔dB〕，受信アンテナの絶対利得 $G_R=40$〔dB〕，受信給電線の損失 $F_R=0.2$〔dB/m〕×15〔m〕=3〔dB〕，受信帯域フィルタの損失 $FL_R=1$〔dB〕となり，これらの関係を図示すると，**図6.1** のようになる．

　よって，受信機入力電力 P_R〔dBm〕は，

$$P_R=P_T-FL_T-F_T+G_T-\Gamma+G_R-F_R-FL_R$$
$$=27-1-3+40-135+40-3-1=-36〔\text{dBm}〕$$

となる．

正答3

例題-2 第1フレネルゾーンの回転楕円体の断面半径の値を求める問題

> 　次の記述は，図に示すマイクロ波回線の第1フレネルゾーンについて述べたものである．□□□内に入れるべき字句の正しい組合せを下の番号から選べ．

(1) 送信点Tから受信点R方向に測った距離 d_1〔m〕の点Pにおける第1フレネルゾーンの回転楕円体の断面の半径 r〔m〕は，点Pから受信点Rまでの距離を d_2〔m〕，波長を λ〔m〕とすれば，次式で与えられる．

　　$r≒$ 　A　

(2) 周波数が6〔GHz〕，送受信点間の距離 D が24〔km〕であるとき，d_1 が6〔km〕の点Pにおける r は，約 　B　 である．

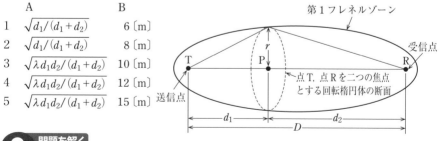

	A	B
1	$\sqrt{d_1/(d_1+d_2)}$	6〔m〕
2	$\sqrt{d_1/(d_1+d_2)}$	8〔m〕
3	$\sqrt{\lambda d_1 d_2/(d_1+d_2)}$	10〔m〕
4	$\sqrt{\lambda d_1 d_2/(d_1+d_2)}$	12〔m〕
5	$\sqrt{\lambda d_1 d_2/(d_1+d_2)}$	15〔m〕

第1フレネルゾーン

受信点

点T，点Rを二つの焦点とする回転楕円体の断面

送信点

d_1　d_2　D

問題を解くヒント！

電波の波長と距離をそれぞれ第1フレネルゾーンを求める式（　A　）に代入して　B　を求める．

使う公式

(1) 周波数を f [Hz]，電波の速度を $c = 3 \times 10^8$ [m/s] とすると，電波の波長 λ [m] は，次式で表される．

$$\lambda = \frac{c}{f} = \frac{3 \times 10^8}{f} \text{ [m]}$$

(2) 周波数 f の単位を [MHz] とすると，電波の波長 λ [m] は，次式で表される．

$$\lambda = \frac{300}{f \text{ [MHz]}} \text{ [m]}$$

(3) 図6.2において，送信点を T，受信点を R，送信点からの距離 d_1 [m] の場所を点 P とする．点 P から垂直線上の点を点 O とし，$\text{TO} = D_1$ [m]，$\text{OR} = D_2$ [m]，$\text{TP} = d_1$ [m]，$\text{PR} = d_2$ [m]，$D = d_1 + d_2$ [m]，$\text{OP} = r$ [m] とする．

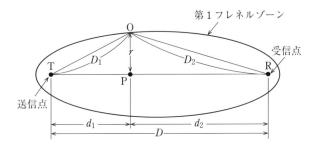

図6.2

電波の経路差 l [m] は，次式で表すことができる．

$$l = (D_1 + D_2) - (d_1 + d_2) = \sqrt{d_1^2 + r^2} + \sqrt{d_2^2 + r^2} - (d_1 + d_2)$$

$$= d_1 \sqrt{1 + \left(\frac{r}{d_1}\right)^2} + d_2 \sqrt{1 + \left(\frac{r}{d_2}\right)^2} - (d_1 + d_2)$$

$$= d_1 \left\{ 1 + \frac{1}{2}\left(\frac{r}{d_1}\right)^2 \right\} + d_2 \left\{ 1 + \frac{1}{2}\left(\frac{r}{d_2}\right)^2 \right\} - (d_1 + d_2)$$

$$= \frac{r^2}{2d_1} + \frac{r^2}{2d_2} = \frac{r^2(d_1 + d_2)}{2d_1 d_2} \qquad \cdots\cdots ①$$

ただし，$x \ll 1$ のとき，$\sqrt{1+x} \fallingdotseq 1 + \dfrac{x}{2}$ である．

電波の経路差 l [m] が $\dfrac{\lambda}{2}$，$\dfrac{2\lambda}{2}$，$\dfrac{3\lambda}{2} \cdots \dfrac{n\lambda}{2}$ のとき，合成電界が強められたり，弱められたりする．

式①の r 〔m〕を任意の r_n 〔m〕に置き換えると，任意の経路の式を導くことができる．

$l = \dfrac{n\lambda}{2}$ $(n = 0, 1, 2\cdots)$ であるので，次式が成立する．

$$\frac{r_n^2(d_1 + d_2)}{2d_1 d_2} = \frac{n\lambda}{2} \qquad \cdots\cdots ②$$

式②より，r_n 〔m〕を求めると，

$$r_n = \sqrt{n\lambda \frac{d_1 d_2}{(d_1 + d_2)}} \qquad \cdots\cdots ③$$

$n = 1$ のときが第1フレネルゾーンの回転楕円体の断面の半径で，式③より次式で表すことができる．

$$r_1 = \sqrt{\lambda \frac{d_1 d_2}{(d_1 + d_2)}} \text{〔m〕} \qquad \cdots\cdots ④$$

一般的な解き方！

周波数を $f = 6$ 〔GHz〕$= 6 \times 10^9$ 〔Hz〕，電波の速度を $c = 3 \times 10^8$ 〔m/s〕とすると，電波の波長 λ 〔m〕は，

$$\lambda = \frac{c}{f} = \frac{3 \times 10^8}{6 \times 10^9} = \frac{3}{60} = 0.05 \text{〔m〕}$$

また，$D = 24$ 〔km〕$= 24 \times 10^3$ 〔m〕，$d_1 = 6$ 〔km〕$= 6 \times 10^3$ 〔m〕なので，d_2 〔m〕は，

$$d_2 = D - d_1 = 24 \times 10^3 - 6 \times 10^3 = 18 \times 10^3 \text{〔m〕}$$

$\lambda = 0.05$ 〔m〕，$d_1 = 6 \times 10^3$ 〔m〕，$d_2 = 18 \times 10^3$ 〔m〕を第1フレネルゾーンの半径 r を求める式（ A の式）に代入すると，

$$r = \sqrt{\lambda \frac{d_1 d_2}{(d_1 + d_2)}}$$

$$= \sqrt{\frac{0.05 \times 6 \times 10^3 \times 18 \times 10^3}{6 \times 10^3 + 18 \times 10^3}}$$

$$= \sqrt{\frac{5.4 \times 10^6}{24 \times 10^3}} = \sqrt{\frac{5,400}{24}} = \sqrt{225} = \sqrt{15^2} = 15 \text{〔m〕}$$

A の式は覚えてね．

となる．

正答5

例題-3 指向性アンテナから電波を放射したときの受信点における電界強度の値を求める問題

　自由空間において，半波長ダイポールアンテナに対する相対利得が9〔dB〕の指向性アンテナに2〔W〕の電力を供給して電波を放射したとき，最大放射方向で送信点からの距離が14〔km〕の受信点における電界強度の値として，最も近いものを下の番号から選べ．ただし，電界強度Eは，放射電力をP〔W〕，送受信点間の距離をd〔m〕，半波長ダイポールアンテナに対するアンテナの相対利得をG（真数）とすると，次式で表されるものとする．また，アンテナ及び給電系の損失はないものとし，$\log_{10}2 = 0.3$とする．

$$E = \frac{7\sqrt{GP}}{d} \ \text{〔V/m〕}$$

1　2.0〔mV/m〕　　2　2.5〔mV/m〕　　3　3.0〔mV/m〕
4　4.0〔mV/m〕　　5　5.5〔mV/m〕

問題を解くヒント！

(1) 相対利得9〔dB〕を真数に変換することに注意する．
(2) 題意の式に数値を代入すればよい．
(3) $\log_{10}2 = 0.3$ より，$10^{0.3} = 2$ である．

使う公式

　放射電力をP〔W〕，送受信点間の距離をd〔m〕，半波長ダイポールアンテナに対するアンテナの相対利得をG（真数）とすると，電界強度E〔V/m〕は，次式で表される．

$$E = \frac{7\sqrt{GP}}{d} \ \text{〔V/m〕}$$

一般的な解き方！

半波長ダイポールアンテナに対するアンテナの相対利得9〔dB〕の真数をGとすると，

　　$9 = 10\log_{10}G$ 　　　　　……(1)
式(1)の両辺を10で割ると，
　　$0.9 = \log_{10}G$ 　　　　　……(2)

電力は「10倍」だよ．

式 (2) より,

$$G = 10^{0.9} = 10^{(0.3 + 0.3 + 0.3)}$$
$$= 10^{0.3} \times 10^{0.3} \times 10^{0.3}$$
$$= 2 \times 2 \times 2 = 8$$

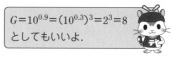

$G = 10^{0.9} = (10^{0.3})^3 = 2^3 = 8$
としてもいいよ.

放射電力を $P = 8$ 〔W〕, 送受信点間の距離を $d = 14$ 〔km〕$= 14 \times 10^3$ 〔m〕, 半波長ダイポールアンテナに対するアンテナの相対利得を $G = 8$ (真数) とすると, 電界強度 E 〔V/m〕は,

$$E = \frac{7\sqrt{GP}}{d} = \frac{7\sqrt{8 \times 2}}{14 \times 10^3} = \frac{7 \times \sqrt{16}}{14 \times 10^3} = \frac{7 \times 4}{14 \times 10^3} = 2 \times 10^{-3} \text{ 〔V/m〕} = 2 \text{ 〔mV/m〕}$$

となる.

 正答 1

例題 − 4 最大放射方向の受信点の電界強度から送受信点間の距離の値を求める問題

自由空間において, 半波長ダイポールアンテナに対する相対利得が 12 〔dB〕の指向性アンテナに 4 〔W〕の電力を供給して電波を放射したとき, 最大放射方向の受信点における電界強度が 3.5 〔mV/m〕となる送受信点間距離の値として, 最も近いものを下の番号から選べ. ただし, 電界強度 E は, 放射電力を P 〔W〕, 送受信点間の距離を d 〔m〕, 半波長ダイポールアンテナに対するアンテナの相対利得を G (真数) とすると, 次式で表されるものとする. また, アンテナ及び給電系の損失はないものとし, $\log_{10} 2 = 0.3$ とする.

$$E = \frac{7\sqrt{GP}}{d} \text{ 〔V/m〕}$$

1 12 〔km〕   2 16 〔km〕   3 20 〔km〕   4 24 〔km〕   5 32 〔km〕

 問題を解く
ヒント!

「例題 − 3」と考え方は同じだが, この問題では送受信点間の距離を求める.

 使う公式

「例題 − 3」の電界強度を求める公式を使う.

✏️ **一般的な解き方！**

半波長ダイポールアンテナに対するアンテナの相対利得 12 〔dB〕の真数を G とすると，

$12 = 10 \log_{10} G$ ...... (1)

式(1)の両辺を 10 で割ると，

$1.2 = \log_{10} G$ ...... (2)

式(2)より，

$G = 10^{1.2} = 10^{(0.3 + 0.3 + 0.3 + 0.3)}$

$\quad = 10^{0.3} \times 10^{0.3} \times 10^{0.3} \times 10^{0.3}$

$\quad = 2 \times 2 \times 2 \times 2 = 16$

> $G = 10^{1.2} = (10^{0.3})^4 = 2^4 = 16$
> としてもいいよ。

放射電力を P〔W〕，送受信点間の距離を d〔m〕，半波長ダイポールアンテナに対する
アンテナの相対利得を G（真数）とすると，電界強度 E〔V/m〕は，次式で表される．

$E = \dfrac{7\sqrt{GP}}{d}$ 〔V/m〕 ...... (3)

式(3)を変形して，$P = 4$〔W〕，$G = 16$（真数），$E = 3.5$〔mV/m〕$= 3.5 \times 10^{-3}$〔V/m〕
を代入して送受信点間の距離 d〔m〕を求めると，

$d = \dfrac{7\sqrt{GP}}{E} = \dfrac{7\sqrt{16 \times 4}}{3.5 \times 10^{-3}} = \dfrac{7 \times \sqrt{64}}{3.5 \times 10^{-3}} = \dfrac{7 \times 8}{3.5 \times 10^{-3}} = 16 \times 10^3$〔m〕$= 16$〔km〕

となる．

🎓 **正答 2**

例題−5　**送受信間の距離から自由空間基本伝送損失の値を求める問題**

電波の伝搬において，送受信アンテナ間の距離を 8〔km〕，使用周波数を
15〔GHz〕とした場合の自由空間基本伝送損失の値として，最も近いものを
下の番号から選べ．ただし，自由空間基本伝送損失 Γ_0（真数）は，送受信ア
ンテナ間の距離を d〔m〕，使用電波の波長を λ〔m〕とすると，次式で表され
るものとする．また，$\log_{10} 2 = 0.3$ 及び $\pi^2 = 10$ とする．

$$\Gamma_0 = \left(\dfrac{4\pi d}{\lambda}\right)^2$$

1　106〔dB〕　　2　112〔dB〕　　3　120〔dB〕　　4　128〔dB〕　　5　134〔dB〕

 **問題を解くヒント!**

(1) 自由空間基本伝送損失 Γ_0(真数) を求めて dB 表示にする.
(2) 題意の式に数値を代入すればよい.

使う公式

(1) 「例題－2」の電波の波長を求める公式を使う.
(2) 送受信アンテナ間の距離を d〔m〕, 電波の波長を λ〔m〕とすると, 自由空間基本伝送損失 Γ_0(真数) は, 次式で表される.

$$\Gamma_0 = \left(\frac{4\pi d}{\lambda}\right)^2$$

(3) 「例題－1」の対数の公式を使う.

一般的な解き方!

周波数を $f = 15$〔GHz〕$= 15 \times 10^9$〔Hz〕, 電波の速度を $c = 3 \times 10^8$〔m/s〕とすると, 電波の波長 λ〔m〕は,

$$\lambda = \frac{c}{f} = \frac{3 \times 10^8}{15 \times 10^9} = \frac{3}{150} = \frac{1}{50} \text{〔m〕}$$

$\lambda = \dfrac{1}{50}$〔m〕, $d = 8$〔km〕$= 8 \times 10^3$〔m〕を題意の式に代入すると, 自由空間基本伝送損失 Γ_0(真数) は,

$$\Gamma_0 = \left(\frac{4\pi d}{\lambda}\right)^2 = \left(\frac{4 \times 8 \times 10^3}{\dfrac{1}{50}}\right)^2 \times \pi^2 \fallingdotseq (4 \times 8 \times 50 \times 10^3)^2 \times 10 = (16 \times 10^5)^2 \times 10$$

$$= 256 \times 10^{10} \times 10 = 256 \times 10^{11}$$

$\Gamma_0 = 256 \times 10^{11}$(真数) を dB 表示とすると,

$$10 \log_{10}(256 \times 10^{11}) = 10 \log_{10}(2^8 \times 10^{11})$$
$$= 10(\log_{10} 2^8 + \log_{10} 10^{11})$$
$$= 10(8 \times \log_{10} 2 + 11 \times \log_{10} 10)$$
$$= 10(8 \times 0.3 + 11) = 10 \times 13.4 = 134 \text{〔dB〕}$$

となる.

256＝2⁸ だよ.

 **正答 5**

例題－6 標準大気中の送受信アンテナ間の電波の見通し距離の値を求める問題

送信アンテナの地上高を225〔m〕，受信アンテナの地上高を1〔m〕とした とき，送受信アンテナ間の電波の見通し距離の値として，最も近いものを下 の番号から選べ．ただし，大地は球面とし，標準大気における電波の屈折を 考慮するものとする．

1 44〔km〕
2 50〔km〕
3 57〔km〕
4 65〔km〕
5 74〔km〕

問題を解くヒント！

「標準大気中における電波の屈折を考慮する」であるか「真空中」であるかに注意する．標準大気中の場合，係数が「4.12」の公式を，真空中の場合，係数が「3.57」の公式を使う．

使う公式

送信アンテナの高さをh_1〔m〕，受信アンテナの高さをh_2〔m〕とすると，標準大気中における電波の見通し距離d〔km〕は，次式で表される．

$$d \fallingdotseq 4.12\left(\sqrt{h_1}+\sqrt{h_2}\right) \text{〔km〕}$$

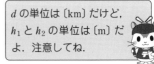

dの単位は〔km〕だけど，h_1とh_2の単位は〔m〕だよ．注意してね．

一般的な解き方！

送信アンテナの高さをh_1〔m〕，受信アンテナの高さをh_2〔m〕とすると，標準大気中における電波の見通し距離d〔km〕は，次式で表される．

$$d \fallingdotseq 4.12\left(\sqrt{h_1}+\sqrt{h_2}\right) \text{〔km〕} \qquad \cdots\cdots (1)$$

式(1)に$h_1=225$〔m〕，$h_2=1$〔m〕を代入すると，

$$d \fallingdotseq 4.12\left(\sqrt{h_1}+\sqrt{h_2}\right)=4.12\left(\sqrt{225}+\sqrt{1}\right)$$
$$=4.12(15+1)=4.12\times16 \fallingdotseq 65.9 \text{〔km〕}$$

となり，選択肢4が最も近くなる．

正答 4

・幾何学的見通し距離

図6.3 に示すような幾何学的見通し距離を求める．アンテナの高さを h〔m〕，地球の半径を R〔m〕とすると，見通し距離 d〔m〕は，次式で表される．

$$d = \sqrt{(R+h)^2 - R^2} = \sqrt{R^2 + 2Rh + h^2 - R^2} = \sqrt{2Rh + h^2} \fallingdotseq \sqrt{2Rh} \text{〔m〕} \qquad \cdots\cdots (1)$$

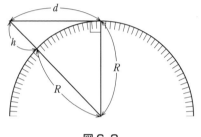

ピタゴラスの定理より，
$(R+h)^2 = R^2 + d^2$ だよ．

h^2 は，$2Rh$ と比較すると極めて小さいから省略することができるよ．

図6.3

式(1) に地球の半径 $R = 6.37 \times 10^6$〔m〕を代入すると，

$$d = \sqrt{2Rh} = \sqrt{2 \times 6.37 \times 10^6 \times h} = \sqrt{12.74h} \times 10^3 \fallingdotseq 3.57\sqrt{h} \times 10^3 \text{〔m〕} \qquad \cdots\cdots (2)$$

式(2) を〔km〕単位に変換すると，アンテナの高さが h〔m〕のとき，幾何学的見通し距離 d〔km〕は，次式で表される．

$$d \fallingdotseq 3.57\sqrt{h} \text{〔km〕} \qquad \cdots\cdots (3)$$

式(3) より，例えばアンテナの高さが 100〔m〕のとき，幾何学的見通し距離 d〔km〕は，次のようになる．

$$d \fallingdotseq 3.57\sqrt{100} = 3.57 \times 10 = 35.7 \text{〔km〕}$$

次に，図6.4 に示すような送受信点間の幾何学的見通し距離 d〔m〕を求める．ただし，送信アンテナの高さを h_1〔m〕，受信アンテナの高さを h_2〔m〕とし，送受信点間の幾何学的見通し距離 d〔m〕は，$d = d_1 + d_2$〔m〕とする．

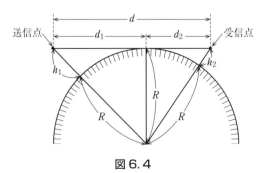

図6.4

$$d_1 = \sqrt{(R+h_1)^2 - R^2} = \sqrt{R^2 + 2Rh_1 + h_1^2 - R^2} = \sqrt{2Rh_1 + h_1^2} \fallingdotseq \sqrt{2Rh_1}$$

$$d_2 = \sqrt{(R+h_2)^2 - R^2} = \sqrt{R^2 + 2Rh_2 + h_2^2 - R^2} = \sqrt{2Rh_2 + h_2^2} \fallingdotseq \sqrt{2Rh_2}$$

よって，

$$d = d_1 + d_2 = \sqrt{2Rh_1} + \sqrt{2Rh_2} = \sqrt{2R}\left(\sqrt{h_1} + \sqrt{h_2}\right)$$

$$= \sqrt{2 \times 6.37 \times 10^6}\left(\sqrt{h_1} + \sqrt{h_2}\right) \fallingdotseq 3.57 \times 10^3 \left(\sqrt{h_1} + \sqrt{h_2}\right) \text{〔m〕} \qquad \cdots\cdots (4)$$

式(4)を〔km〕単位に変換すると，d〔km〕は，次式で表される．

$$d \fallingdotseq 3.57\left(\sqrt{h_1} + \sqrt{h_2}\right) \text{〔km〕} \qquad \cdots\cdots (5)$$

・電波の見通し距離

式(5)は，送受信点間の幾何学的見通し距離である．我々が住んでいる地球は大気で覆われており，温度，湿度，気圧などが常に変化している．大気の屈折率は上空にいくほど減少し，大気中を伝搬する電波は送受信点間をわん曲して伝搬する．

送受信点間をわん曲して伝搬する電波の経路を直線で表すために，地球の半径を実際より大きくした仮想の地球を考える．仮想の地球半径を等価地球半径といい，実際の地球の半径を4/3倍する．等価地球半径と実際の地球半径の比を等価地球半径係数といい，Kで表す．標準大気では，$K = 4/3$である．地球の半径Rを4/3倍して計算すると，電波の見通し距離を求めることができる．

式(4)の$d = d_1 + d_2 = \sqrt{2Rh_1} + \sqrt{2Rh_2} = \sqrt{2R}\left(\sqrt{h_1} + \sqrt{h_2}\right)$の$R$の代わりに$KR$を代入すると，$d$〔km〕は次式で表される．

$$d \fallingdotseq \sqrt{2KR}\left(\sqrt{h_1} + \sqrt{h_2}\right) = \sqrt{2 \times \frac{4}{3} \times 6.37 \times 10^6}\left(\sqrt{h_1} + \sqrt{h_2}\right)$$

$$\fallingdotseq 4.12 \times 10^3\left(\sqrt{h_1} + \sqrt{h_2}\right) \text{〔m〕}$$

$$= 4.12\left(\sqrt{h_1} + \sqrt{h_2}\right) \text{〔km〕} \qquad \cdots\cdots (6)$$

真空中の場合，$3.57\left(\sqrt{h_1} + \sqrt{h_2}\right)$の式を，
大気中の場合，$4.12\left(\sqrt{h_1} + \sqrt{h_2}\right)$の式を使うよ．

7 **測定**の計算問題を解く

例題-1 電流計の測定倍率の値を求める問題

内部抵抗 r〔Ω〕の電流計に，$r/7$〔Ω〕の値の分流器を接続したときの測定範囲の倍率として，正しいものを下の番号から選べ．

1　16倍
2　14倍
3　12倍
4　9倍
5　8倍

問題を解く ヒント！

分流器は電流計の測定範囲を拡大するために用いる抵抗器で，電流計と並列に接続する．

電流計と並列に接続した抵抗器のことを分流器というよ．

使う公式

最大目盛が I〔A〕で内部抵抗が r〔Ω〕の電流計の測定範囲を n〔倍〕に拡大するには，**図7.1**に示すように，電流計と並列に R_S〔Ω〕の分流器（抵抗器）を接続する．

分流器の抵抗値 R_S〔Ω〕は，次式で表される．

$$R_S = \frac{r}{n-1} \text{〔Ω〕}$$

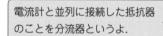
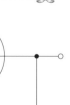

図7.1

最大目盛が I〔A〕で内部抵抗が r〔Ω〕の電流計の測定範囲を n〔倍〕とすると，分流器の抵抗値 R_S〔Ω〕は，次式で表される．

$$R_S = \frac{r}{n-1} \text{〔Ω〕} \qquad \cdots\cdots (1)$$

式(1) に，$R_S = \dfrac{r}{7}$〔Ω〕を代入すると，

$$\frac{r}{7} = \frac{r}{n-1} \qquad \cdots\cdots (2)$$

式(2) の両辺を r で割ると，

$$\frac{1}{7} = \frac{1}{n-1} \qquad \cdots\cdots (3)$$

式(3) より，

$$n-1 = 7 \qquad \cdots\cdots (4)$$

$\dfrac{a}{b} = \dfrac{c}{d}$ は，$ad = bc$ だよ．

よって，$n = 8$ になり，測定範囲の倍率は 8倍 となる．

公式を使わないで，オームの法則で解く方法を解説する．

図7.2 に示すように，最大目盛が I〔A〕で内部抵抗が r〔Ω〕の電流計に I〔A〕が流れているとき電流計の両端の電圧 V〔V〕は，オームの法則より，次式で表される．

$$V = rI \text{〔V〕} \qquad \cdots\cdots (1)$$

$R_S = \dfrac{r}{7}$〔Ω〕の分流器を接続したときに，

分流器に流れる電流 I_S〔A〕は，オームの法則より，

$$I_S = \frac{V}{R_S} = \frac{V}{r/7} = \frac{7V}{r} = \frac{7}{r} \times rI = 7I \text{〔A〕} \cdots\cdots (2)$$

よって，測定できる電流 I_T〔A〕は，

$$I_T = I + I_S = I + 7I = 8I \text{〔A〕}$$

となり，$R_S = \dfrac{r}{7}$〔Ω〕の分流器を接続すると，測定範囲は 8倍 となる．

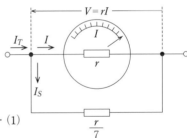

図7.2

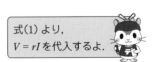

式(1) より，
$V = rI$ を代入するよ．

正答 5

例題-2 電圧計の測定倍率の値を求める問題

内部抵抗 r〔Ω〕の電圧計に，$6r$〔Ω〕の値の直列抵抗器（倍率器）を接続したときの測定範囲の倍率として，正しいものを下の番号から選べ.

1　　7 倍

2　　8 倍

3　　10 倍

4　　12 倍

5　　14 倍

倍率器は電圧計の測定範囲を拡大するために用いる抵抗器で，電圧計と直列に接続する.

電圧計と直列に接続した抵抗器のことを倍率器というよ.

最大目盛が V〔V〕で内部抵抗が r〔Ω〕の電圧計の測定範囲を n〔倍〕に拡大するには，**図7.3** に示すように，電圧計と直列に R_m〔Ω〕の倍率器（抵抗器）を接続する.

倍率器の抵抗値 R_m〔Ω〕は，次式で表される.

$$R_m = (n-1)r \text{〔Ω〕}$$

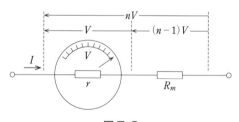

図7.3

最大目盛が V〔V〕で内部抵抗が r〔Ω〕の電圧計の測定範囲を n〔倍〕とすると，倍率器の抵抗値 R_m〔Ω〕は，次式で表される.

$$R_m = (n-1)r \text{〔Ω〕} \qquad \cdots\cdots (1)$$

式(1)に，$R_m = 6r$〔Ω〕を代入すると，

$6r = (n-1)r$ 　　　　　　　……(2)

式(2)の両辺を r で割ると,

$6 = n-1$

よって, $n = 7$ となり, 測定範囲の倍率は 7倍 となる.

🔑 **簡易的な 解き方!**

公式を使わないで, オームの法則で解く方法を解説する.

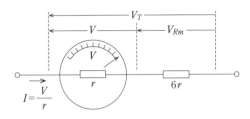

図7.4

図7.4 に示すように, 倍率器は電圧計と直列に接続されているため, 内部抵抗 r〔Ω〕に流れる電流と倍率器 R_m〔Ω〕に流れる電流は同じ I〔A〕になる. 電圧計の最大目盛電圧 V〔V〕は, オームの法則より, 次式で表される.

$V = rI$〔V〕　　　　　　　　　　……(1)

式(1) より, I〔A〕を求めると,

$I = \dfrac{V}{r}$〔A〕　　　　　　　　　　……(2)

$R_m = 6r$〔Ω〕の倍率器を接続したとき, 式(2) より, 倍率器の両端の電圧 V_{Rm}〔V〕は, オームの法則より,

$$V_{Rm} = R_m I = 6rI = 6r \times \dfrac{V}{r} = 6V$$

> 式(2) より,
> $I = \dfrac{V}{r}$ を代入するよ.

よって, 測定できる電圧 V_T〔V〕は,

$V_T = V + V_{Rm} = V + 6V = 7V$〔V〕

となり, $R_m = 6r$〔Ω〕の倍率器を接続すると, 測定範囲は 7倍 となる.

正答 **1**

例題-3 増幅器の利得の測定回路で被測定増幅器の電力増幅度の値を求める問題

　図に示す増幅器の利得の測定回路において，レベル計の指示が0〔dBm〕となるように信号発生器の出力を調整して，減衰器の減衰量を16〔dB〕としたとき，電圧計の指示が0.71〔V〕となった．このとき被測定増幅器の電力増幅度の値（真数）として，最も近いものを下の番号から選べ．ただし，信号発生器，減衰器，被測定増幅器及び負荷抵抗は整合されており，レベル計及び電圧計の入力インピーダンスによる影響はないものとする．また，1〔mW〕を0〔dBm〕，$\log_{10}2 = 0.3$とする．

1　　50
2　　100
3　　200
4　　400
5　　1,000

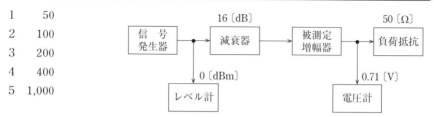

問題を解くヒント！

(1) 負荷の電力P〔mW〕を求めて〔dBm〕単位に変換することに注意する．

(2) 信号発生器のレベル計の指示0〔dBm〕，減衰器の減衰量16〔dB〕，被測定増幅器の電力利得G〔dB〕を単純に加算した値が，被測定増幅器の出力レベル〔dBm〕になる．

(3) $\log_{10}2 = 0.3$ より，$10^{0.3} = 2$ である．

使う公式

(1) 抵抗R〔Ω〕の両端の電圧がV〔V〕のとき，抵抗で消費する電力P〔W〕は，次式で表される．

$$P = \frac{V^2}{R} \text{〔W〕}$$

(2) 電力P〔mW〕を〔dBm〕単位に変換すると，次式が成立する．
　　$10 \log_{10} P$〔dBm〕

(3) 電力増幅度A（真数）を dB 表示すると，次式が成立する．
　　$10 \log_{10} A$〔dB〕

電力は「10倍」だよ．

$R = 50$ 〔Ω〕の負荷抵抗の両端の電圧を $V = 0.71$ 〔V〕とすると，電力 P 〔W〕は，

$$P = \frac{V^2}{R} = \frac{(0.71)^2}{50} = \frac{0.5041}{50} \fallingdotseq 0.01 \text{〔W〕}$$

0.01〔W〕$= 10 \times 10^{-3}$〔W〕$= 10$〔mW〕であるので，〔dBm〕単位に変換すると，

$$10 \log_{10} P = 10 \log_{10} 10 = 10 \text{〔dBm〕}$$

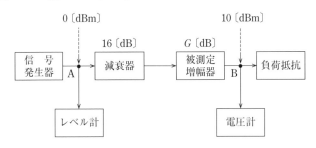

図7.5

図7.5 のA点のレベル計の指示が 0〔dBm〕，減衰器の減衰量が 16〔dB〕，被測定増幅器の電力利得が G〔dB〕，B点のレベル（電圧計の値を〔dBm〕に変換した値）が 10〔dBm〕なので，次式が成立する．

$0 - 16 + G = 10$ ……（1）

式（1）より，

$G = 10 + 16 = 26$〔dB〕 ……（2）

式（2）の真数を A とすると，

$26 = 10 \log_{10} A$ ……（3）

式（3）の両辺を 10 で割ると，

$2.6 = \log_{10} A$ ……（4）

式（4）より，

$A = 10^{2.6} = 10^{(2+0.3+0.3)} = 10^2 \times 10^{0.3} \times 10^{0.3} = 100 \times 2 \times 2 = 400$

となる．

> 減衰はマイナスだから，減衰器の減衰量は -16〔dB〕で計算するよ．

正答 4

例題−4 増幅器の利得の測定回路で被測定増幅器の電力増幅度の値を求める問題

図に示す増幅器の利得の測定回路において，切換えスイッチSを①に接続して，レベル計の指示が0〔dBm〕となるように信号発生器の出力を調整した．次に減衰器の減衰量を15〔dB〕として，切換えスイッチSを②に接続したところ，レベル計の指示が8〔dBm〕となった．このとき被測定増幅器の電力増幅度の値（真数）として，最も近いものを下の番号から選べ．ただし，信号発生器，減衰器，被測定増幅器及び負荷抵抗は整合されており，レベル計の入力インピーダンスによる影響はないものとする．また，1〔mW〕を0〔dBm〕，$\log_{10} 2 = 0.3$とする．

1   200
2   300
3   400
4   500
5   1,000

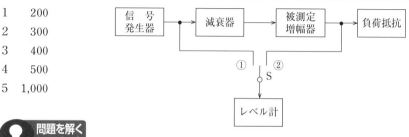

問題を解くヒント！

「例題−3」と考え方は同じだが，この問題では被測定増幅器の電力増幅度（真数）を求める．

使う公式

「例題−3」の電力増幅度を求める公式を使う．

一般的な解き方！

図7.6のスイッチSを①に接続したときのA点のレベル計の指示が0〔dBm〕，減衰器の減衰量が15〔dB〕，被測定増幅器の利得がG〔dB〕，スイッチSを②に接続したときのB点のレベル計の指示が8〔dBm〕なので，次式が成立する．

$0 - 15 + G = 8$ ……（1）

式（1）より，

$G = 8 + 15 = 23$〔dB〕   ……（2）

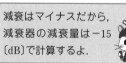
減衰はマイナスだから，減衰器の減衰量は−15〔dB〕で計算するよ．

118

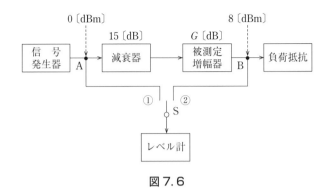

図 7.6

式(2) の真数を A とすると，

　$23 = 10 \log_{10} A$　　　　　　　　　　　……（3）

式(3) の両辺を 10 で割ると，

　$2.3 = \log_{10} A$　　　　　　　　　　　　……（4）

式(4) より，

　$A = 10^{2.3} = 10^{(2+0.3)} = 10^2 \times 10^{0.3} = 100 \times 2 = 200$

となる．

正答 1

例題－5　減衰器通過後の電力測定で送信機電力の値を求める問題

　図に示すように，送信機の出力電力を 17〔dB〕の減衰器を通過させて電力計で測定したとき，その指示値が 10〔mW〕であった．この送信機の出力電力の値として，最も近いものを下の番号から選べ．ただし，$\log_{10} 2 = 0.3$ とする．

1　350〔mW〕

2　500〔mW〕

3　900〔mW〕

4　1,500〔mW〕

5　2,000〔mW〕

問題を解くヒント！

(1) 減衰器 17〔dB〕を真数に変換することに注意する.

(2) $\log_{10}2 = 0.3$ より，$10^{0.3} = 2$ である.

使う公式

「例題－3」の電力増幅度を求める公式を使う.

一般的な解き方！

17〔dB〕の減衰器の真数を A とすると，

$$-17 = 10 \log_{10} A \qquad \cdots\cdots (1)$$

式(1) の両辺を 10 で割ると，

$$-1.7 = \log_{10} A \qquad \cdots\cdots (2)$$

式(2) より，

$$A = 10^{-1.7} = \frac{1}{10^{1.7}} = \frac{1}{10^{(2-0.3)}} = \frac{1}{10^2 \times 10^{-0.3}} = \frac{1}{100 \times \dfrac{1}{2}} = \frac{1}{50}$$

送信機の出力電力を P〔W〕とすると，

$$P \times \frac{1}{50} = 10 \times 10^{-3}$$

よって，

$$P = 50 \times 10 \times 10^{-3} = 500 \times 10^{-3}\,〔\text{W}〕 = 500\,〔\text{mW}〕$$

となる.

正答 2

第一級陸上特殊無線技士

なあんだ，
そうなんだ！

こうすればむずかしい計算問題も
スラスラ解ける！！

コレなら解ける！無線工学の計算問題

第2部
計算問題公式集

$$Z_0 = 138 \log_{10} \frac{D}{d}$$

$$Ga = Gb + 2.15$$

$$N = kTBF$$

$$Z_0 = 277 \log_{10} \frac{2D}{d}$$

$$T = \frac{1}{f}$$

$$N = 1 + \frac{R}{r}$$

一陸特国家試験 無線工学の計算問題を解くためにぜひ知っておきたい公式集です．本書では，一般的な公式と簡略化した公式を紹介してありますので，自分に適していると思われるほうの活用をおすすめします．

基礎理論関連 公式

■ 抵抗の直列接続

$R_S = R_1 + R_2 + R_3$

R_S：合成抵抗〔Ω〕

R_1, R_2, R_3：抵抗〔Ω〕

■ 抵抗の並列接続

$$R_P = \cfrac{1}{\cfrac{1}{R_1} + \cfrac{1}{R_2} + \cfrac{1}{R_3}}$$

R_P：合成抵抗〔Ω〕

R_1, R_2, R_3：抵抗〔Ω〕

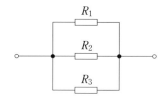

■ 二つの抵抗の並列接続

$$R_P = \cfrac{1}{\cfrac{1}{R_1} + \cfrac{1}{R_2}} = \frac{R_1 \times R_2}{R_1 + R_2}$$

R_P：合成抵抗〔Ω〕

R_1, R_2：抵抗〔Ω〕

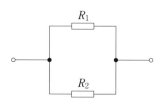

■ コンデンサの直列接続

$$C_S = \cfrac{1}{\cfrac{1}{C_1} + \cfrac{1}{C_2} + \cfrac{1}{C_3}}$$

C_S：合成静電容量〔F〕

C_1, C_2, C_3：静電容量〔F〕

■ **二つのコンデンサの直列接続**

$$C_S = \cfrac{1}{\cfrac{1}{C_1} + \cfrac{1}{C_2}} = \frac{C_1 \times C_2}{C_1 + C_2}$$

C_S：合成静電容量〔F〕

C_1, C_2：静電容量〔F〕

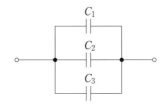

■ **コンデンサの並列接続**

$$C_P = C_1 + C_2 + C_3$$

C_P：合成静電容量〔F〕

C_1, C_2, C_3：静電容量〔F〕

■ **オームの法則**

$$I = \frac{V}{R}$$

I ：電流〔A〕

V：電圧〔V〕

R：抵抗〔Ω〕

■ **ブリッジ回路の平衡条件**

$R_1 R_4 = R_2 R_3$ のとき，ab 間の電位差 V_{ab} はゼロになる．

R_1, R_2, R_3, R_4：抵抗〔Ω〕

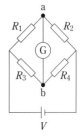

■ キルヒホッフの法則

第1法則(電流則)

　回路の接続点に流れ込む電流と流れ出す電流の和は0になる.ただし,接続点に流れ込む方向をプラス,流れ出す方向をマイナスとする.

　図においては,$I_1 - I_2 - I_3 = 0$となる.

第2法則(電圧則)

　任意の閉回路において,起電力の和は電圧降下の和に等しい.

　図においては,$V_1 + V_2 = R_1 I_1 + R_2 I_2$となる.

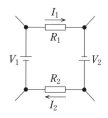

■ ミルマンの定理

　電圧V_1,V_2,V_3〔V〕と抵抗R_1,R_2,R_3〔Ω〕の直列回路が並列に接続された回路の端子電圧V〔V〕を求める.

$$V = \frac{\dfrac{V_1}{R_1} + \dfrac{V_2}{R_2} + \dfrac{V_3}{R_3}}{\dfrac{1}{R_1} + \dfrac{1}{R_2} + \dfrac{1}{R_3}} \ \text{〔V〕}$$

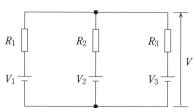

■ 電力 P 〔W〕

$P = VI$

$\quad = \dfrac{V^2}{R} = I^2 R$

$\quad\quad V$：電圧〔V〕

$\quad\quad I$：電流〔A〕

$\quad\quad R$：抵抗〔Ω〕

■ R〔Ω〕の抵抗とリアクタンス X_L〔Ω〕のコイルの直列回路の
合成インピーダンスの大きさ Z〔Ω〕

$Z = \sqrt{R^2 + X_L^2}$

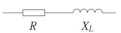

■ R〔Ω〕の抵抗とリアクタンス X_C〔Ω〕のコンデンサの直列回路の
合成インピーダンスの大きさ Z〔Ω〕

$Z = \sqrt{R^2 + X_C^2}$

$\quad\quad X_L$：コイルのリアクタンス $(X_L = \omega L = 2\pi f L)$〔Ω〕

$\quad\quad X_C$：コンデンサのリアクタンス $\left(X_C = \dfrac{1}{\omega C} = \dfrac{1}{2\pi f C}\right)$〔Ω〕

注：ω は，ギリシャ文字でオメガと読む．

■ R〔Ω〕の抵抗とリアクタンス X_L〔Ω〕のコイルの並列回路の合成電流 I〔A〕

$I = \sqrt{I_R^2 + I_L^2}$

■ R〔Ω〕の抵抗とリアクタンス X_C〔Ω〕のコンデンサの並列回路の合成電流 I〔A〕

$I = \sqrt{I_R^2 + I_C^2}$

$\quad\quad I_R$：抵抗 R に流れる交流電流〔A〕

$\quad\quad I_L$：コイル L に流れる交流電流〔A〕

$\quad\quad I_C$：コンデンサ C に流れる交流電流〔A〕

■ 抵抗 R, コイル L, コンデンサ C の直列共振回路の共振周波数 f_0 〔Hz〕

$$f_0 = \frac{1}{2\pi\sqrt{LC}}$$

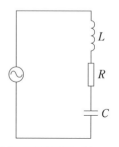

f_0：共振周波数〔Hz〕

L：コイルのインダクタンス〔H〕

C：コンデンサの静電容量〔F〕

■ 直列共振回路の Q

$$Q = \frac{\omega_0 L}{R}$$

$$Q = \frac{1}{\omega_0 CR}$$

$$Q = \frac{1}{R}\sqrt{\frac{L}{C}}$$

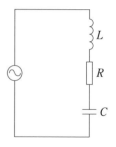

$\omega_0 = 2\pi f_0$：共振角周波数〔rad/s〕

L：コイルのインダクタンス〔H〕

R：直列抵抗〔Ω〕

C：コンデンサの静電容量〔F〕

Q：尖鋭度

■ 並列共振回路の Q

$$Q = \frac{R}{\omega_0 L}$$

$$Q = \omega_0 CR$$

$$Q = R\sqrt{\frac{C}{L}}$$

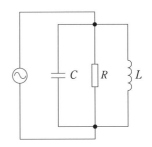

ω_0：共振角周波数〔rad/s〕

R：並列抵抗〔Ω〕

L：コイルのインダクタンス〔H〕

C：コンデンサの静電容量〔F〕

■ 有効電力 P_a〔W〕

$$P_a = VI\cos\theta$$

$$= RI^2$$

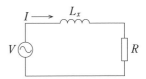

V：電圧〔V〕

I：電流〔A〕

R：抵抗〔Ω〕

θ：位相角〔°〕

■ 平行二線式給電線の特性インピーダンス Z_0〔Ω〕

$$Z_0 = 277\log_{10}\frac{2D}{d}$$

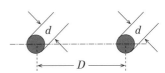

d：給電線の導線の直径〔m〕

D：二線間の距離〔m〕

■ 同軸ケーブルの特性インピーダンスZ_0〔Ω〕

$$Z_0 = \frac{138}{\sqrt{\varepsilon_S}} \log_{10} \frac{D}{d}$$

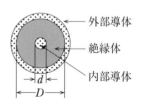

　　d：内部導体の外径〔m〕

　　D：外部導体の内径〔m〕

　　ε_S：絶縁体の比誘電率

注：εは，ギリシャ文字でイプシロンと読む．

■ TE$_{10}$波の導波管の遮断波長λ_c〔m〕

$$\lambda_c = 2a$$

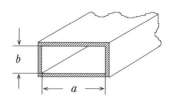

　　a：導波管の長辺の長さ〔m〕

注：λは，ギリシャ文字でラムダと読む．

■ TE$_{10}$波の導波管の遮断周波数f_C〔Hz〕

$$f_c = \frac{3 \times 10^8}{2a} = \frac{3 \times 10^8}{\lambda_c}$$

　　a：導波管の長辺の長さ〔m〕

　　λ_c：遮断波長〔m〕

■ 反転形増幅回路の電圧増幅度A

$$A = -\frac{R_2}{R_1} \qquad |A| = \frac{R_2}{R_1} \quad （大きさ）$$

　　R_1：入力抵抗〔Ω〕

　　R_2：帰還抵抗〔Ω〕

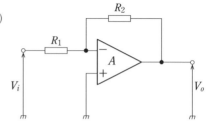

V_i：入力電圧
V_o：出力電圧

■ **負帰還増幅器の電圧増幅度 A_f**

$$A_f = \frac{A}{1+A\beta}$$

A：負帰還をかけないときの電圧増幅度

β：帰還率

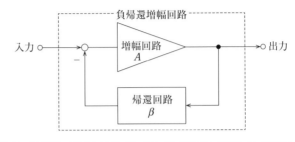

■ **パルス繰返し周波数 f 〔Hz〕**

$$f = \frac{1}{T} = \frac{1}{t_1 + t_2}$$

T：繰返し周期〔s〕

t_1：パルスの幅〔s〕

t_2：パルスの間隔〔s〕

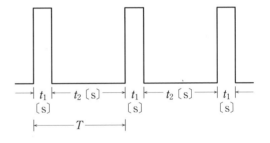

■ **衝撃係数（デューティファクタ）D**

$$D = \frac{\tau}{T}$$

τ：パルスの幅〔s〕

T：繰返し周期〔s〕

注：τ は，ギリシャ文字でタウと読む.

■ **標本化定理における標本化周波数 f_0〔Hz〕**

$f_0 = 2f_m$

f_m：音声信号の最高周波数〔Hz〕

■ **デジタル伝送回線における伝送可能な最大チャネル数 N**

$N = \dfrac{B}{D}$

B：伝送速度〔bps〕

D：1チャネル当たりのデータ速度〔bps〕

■ **OFDMにおけるサブキャリアの周波数間隔 Δf〔Hz〕**

$\Delta f = \dfrac{1}{T}$

T：有効シンボル期間長〔s〕

注：Δ は，ギリシャ文字でデルタと読む．

■ **OFDMにおける有効シンボル期間長 T〔s〕**

$T = \dfrac{1}{\Delta f}$

Δf：サブキャリアの周波数間隔〔Hz〕

■ **FM電波の占有周波数帯幅 B〔Hz〕**

$B = 2(\Delta f + f_S) = 2(1 + m_f)f_S$

Δf：最大周波数偏移〔Hz〕

f_S：最高変調周波数〔Hz〕

m_f：変調指数　　$m_f = \dfrac{\Delta f}{f_S}$

■ スーパヘテロダイン受信機の影像周波数 f_I〔Hz〕

$f_R < f_L$ の場合（$f_{IF} = f_L - f_R$）

$$f_I = f_R + 2f_{IF} = f_L + f_{IF}$$

$f_R > f_L$ の場合（$f_{IF} = f_R - f_L$）

$$f_I = f_R - 2f_{IF} = f_L - f_{IF}$$

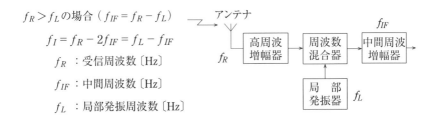

f_R：受信周波数〔Hz〕

f_{IF}：中間周波数〔Hz〕

f_L：局部発振周波数〔Hz〕

■ 雑音指数 F（真数）

$$F = \frac{S_i / N_i}{S_o / N_o} = \frac{S_i N_o}{S_o N_i}$$

S_i：入力側の信号電力

N_i：入力側の雑音電力

S_o：出力側の信号電力

N_o：出力側の雑音電力

■ 等価雑音電力 N_i〔W〕

$$N_i = kTBF$$

k：ボルツマン定数：1.38×10^{-23}〔J/K〕

T：絶対温度〔K〕

B：等価雑音帯域幅〔Hz〕

F：雑音指数（真数）

■ 等価雑音温度 T_e〔K〕

$$T_e = T_o\,(F-1)$$

T_o：周囲温度〔K〕

F：雑音指数（真数）

■ **雑音指数 F（真数）**

$$F = 1 + \frac{T_e}{T_o}$$

T_e：等価雑音温度〔K〕

T_o：周囲温度〔K〕

$T_o = t + 273$〔K〕（t はセ氏温度〔℃〕）

■ **2段増幅器の雑音指数 F（真数）**

$$F = F_1 + \frac{F_2 - 1}{G_1}$$

F_1：初段の増幅器の雑音指数（真数）

F_2：次段の増幅器の雑音指数（真数）

G_1：初段の増幅器の利得（真数）

■ **2段増幅器の等価雑音温度 T_e〔K〕**

$$T_e = T_1 + \frac{T_2}{G_1}$$

T_1：初段の増幅器の等価雑音温度〔K〕

T_2：次段の増幅器の等価雑音温度〔K〕

G_1：初段の増幅器の利得（真数）

レーダー関連　公式

■　パルスレーダーの最小探知距離 R_{min} 〔m〕

$$R_{min} = \frac{c\tau}{2}$$

　　　　c：電波の速度（$= 3 \times 10^8$〔m/s〕）

　　　　τ：パルス幅〔s〕

　τ の単位が〔μs〕の場合

　　$R_{min} = 150\,\tau$

　距離分解能 R〔m〕の場合も同じ

■　パルスレーダーの物標までの距離 R〔m〕

$$R = \frac{ct}{2}$$

　　　　c：電波の速度（$= 3 \times 10^8$〔m/s〕）

　　　　t：電波の物標までの往復時間〔s〕

　t の単位が〔μs〕の場合

　　$R = 150\,t$

■　パルスレーダー送信機の送信せん頭電力 P_X〔W〕

$$P_X = P_Y \frac{T}{\tau} = \frac{P_Y}{f\tau}$$

　　　　P_Y：平均電力〔W〕

　　　　T：パルス繰り返し周期〔s〕

　　　　f：パルス繰り返し周波数〔Hz〕

　　　　τ：パルス幅〔s〕

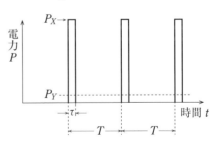

■ ドプラ周波数 f_d 〔Hz〕

$$f_d = \frac{2vf_0}{c} \cos \theta$$

v：移動体の速度〔m/s〕

f_0：使用する電波の周波数〔Hz〕

c：電波の速度（$= 3 \times 10^8$〔m/s〕）

θ：物標の進行方向とレーダーのなす角度〔°〕

注：θは，ギリシャ文字でシータと読む．

アンテナ関連　公式

■ 電波の波長λ〔m〕と周波数 f〔Hz〕の関係

$$\lambda = \frac{3 \times 10^8}{f}$$

周波数 f の単位をMHzとすれば，

$$\lambda = \frac{300}{f \text{〔MHz〕}}$$

注：λ は，ギリシャ文字でラムダと読む．

■ 半波長ダイポールアンテナの実効長 h_e〔m〕

$$h_e = \frac{\lambda}{\pi}$$

λ：電波の波長〔m〕

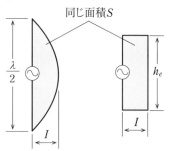

■ アンテナ（空中線）の利得

供試アンテナまたは基準アンテナに異なる電力を加えて，同一場所における
それぞれの電界強度を同じにした場合

$$G_{dB} = 10 \log_{10} \frac{P_0}{P}$$ ←——10 log₁₀であることに注意

G_{dB}：アンテナの利得〔dB〕

P：供試アンテナに加える電力〔W〕

P_0：基準アンテナに加える電力〔W〕

供試アンテナまたは基準アンテナに同一の電力を加えて，同一場所における
それぞれの電界強度を比較した場合

$$G_{dB} = 20 \log_{10} \frac{E}{E_0}$$ ←——20 log₁₀であることに注意

G_{dB}：アンテナの利得〔dB〕

E：供試アンテナの電界強度〔V/m〕

E_0：基準アンテナの電界強度〔V/m〕

■ 絶対利得 G_a〔dB〕

$$G_a = G_r + 2.15$$

G_r：相対利得〔dB〕

■ 相対利得 G_r〔dB〕

$$G_r = G_a - 2.15$$

G_a：絶対利得〔dB〕

■ 等価等方輻射電力 P_E〔W〕

$$P_E = P_T \times G_T$$

P_T：送信アンテナに供給される電力〔W〕

G_T：送信アンテナの絶対利得（真数）

■ パラボラアンテナの絶対利得 G 〔dB〕

$$G = 10 \log_{10}\left(\frac{4\pi S}{\lambda^2}\eta\right) = 10 \log_{10}\left\{\left(\frac{\pi D}{\lambda}\right)^2 \eta\right\}$$

S：開口面積〔m²〕

D：開口面の直径〔m〕

η：アンテナの開口効率

λ：電波の波長〔m〕

注：η は，ギリシャ文字でイータと読む.

■ パラボラアンテナのビーム幅 θ 〔°〕

$$\theta = \frac{70\lambda}{D}$$

λ：電波の波長〔m〕

D：開口面の直径〔m〕

電波伝搬関連　公式

■ 直接波と反射波の合成電界強度 E 〔V/m〕

$d \gg h_1,\ d \gg h_2$　の条件では,

$$E = E_0 \frac{4\pi h_1 h_2}{\lambda d}$$

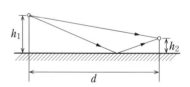

E_0：直接波の電界強度〔V/m〕

d：送受信点間の距離〔m〕

$h_1,\ h_2$：送信，受信アンテナの地上高〔m〕

■ 自由空間電界強度 E 〔V/m〕

$$E = \frac{7\sqrt{GP}}{d}$$

G：アンテナの相対利得（真数）

P：アンテナの放射電力〔W〕

d：アンテナからの距離〔m〕

■ 自由空間基本伝送損失 Γ_0（真数）

$$\Gamma_0 = \left(\frac{4\pi d}{\lambda}\right)^2$$

d：アンテナからの距離〔m〕

λ：波長〔m〕

■ 送受信点間の見通し距離（幾何学的距離）d〔km〕

$$d \fallingdotseq 3.57(\sqrt{h_1} + \sqrt{h_2})$$

h_1, h_2：送信，受信アンテナの地上高〔m〕

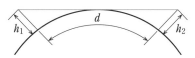

■ 電波の見通し距離 d〔km〕

$$d \fallingdotseq 3.57\sqrt{K}(\sqrt{h_1} + \sqrt{h_2}) \fallingdotseq 4.12(\sqrt{h_1} + \sqrt{h_2})$$

h_1, h_2：送信，受信アンテナの地上高〔m〕

K：地球の等価半径係数 $\left(= \dfrac{4}{3}\right)$

測定関連　公式

■ 電流計の分流器 R_S 〔Ω〕

$$R_S = \frac{r}{n-1} \qquad n = 1 + \frac{r}{R_S}$$

    n：測定倍率〔倍〕

    r：電流計の内部抵抗〔Ω〕

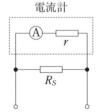

電流計

■ 電圧計の倍率器 R_m 〔Ω〕

$$R_m = (n-1)\, r \qquad n = 1 + \frac{R_m}{r}$$

    n：測定倍率〔倍〕

    r：電圧計の内部抵抗〔Ω〕

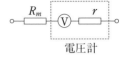

電圧計

■ 増幅器の利得 G（真数）

$$G = \frac{P_O}{P_I}$$

    P_O：増幅器の出力電力〔W〕

    P_I：増幅器の入力電力〔W〕

■ 電力増幅度 G_{dB}（デシベル）

$$G_{dB} = 10 \log_{10} G = 10 \log_{10} \frac{P_O}{P_I}$$

■ 電圧反射係数 Γ

$$|\Gamma| = \frac{V_r}{V_f} = \sqrt{\frac{P_r}{P_f}}$$

V_r：反射波電圧〔V〕

V_f：進行波電圧〔V〕

P_r：反射波電力〔W〕

P_f：進行波電力〔W〕

■ 電圧定在波比 (VSWR)

電圧で表す場合

$$\text{VSWR} = \frac{V_{max}}{V_{min}} = \frac{V_f + V_r}{V_f - V_r} = \frac{1 + \dfrac{V_r}{V_f}}{1 - \dfrac{V_r}{V_f}} = \frac{1 + \Gamma}{1 - \Gamma}$$

V_{max}：給電線上の電圧最大点の電圧〔V〕

V_{min}：給電線上の電圧最小点の電圧〔V〕

V_f：進行波電圧〔V〕

V_r：反射波電圧〔V〕

Γ：電圧反射係数の大きさ

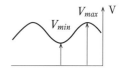

電力で表す場合

$$\text{VSWR} = \frac{V_{max}}{V_{min}} = \frac{V_f + V_r}{V_f - V_r} = \frac{\sqrt{P_f} + \sqrt{P_r}}{\sqrt{P_f} - \sqrt{P_r}} = \frac{1 + \sqrt{\dfrac{P_r}{P_f}}}{1 - \sqrt{\dfrac{P_r}{P_f}}} = \frac{1 + \Gamma}{1 - \Gamma}$$

P_f：進行波電力〔W〕

P_r：反射波電力〔W〕

注：Γ は，ギリシャ文字でガンマと読む．

■ 接頭語

名称	テラ	ギガ	メガ	キロ	デシ	センチ	ミリ	マイクロ	ナノ	ピコ
記号	T	G	M	k	d	c	m	μ	n	p
倍数	10^{12}	10^{9}	10^{6}	10^{3}	10^{-1}	10^{-2}	10^{-3}	10^{-6}	10^{-9}	10^{-12}

■ 憶えるべき数値

$\pi \fallingdotseq 3.14$ $\pi^2 \fallingdotseq 10$ $\sqrt{2} \fallingdotseq 1.41$ $\sqrt{3} \fallingdotseq 1.73$

$\log_{10} 2 \fallingdotseq 0.3$ $\log_{10} 3 \fallingdotseq 0.48$ $\log_{10} 10 = 1$

■ 計算法則

(1) 交換法則：$a + b = b + a,\ ab = ba$

〔例〕$5 + 6 = 6 + 5,\ 5 \times 6 = 6 \times 5$

(2) 結合法則：$(a + b) + c = a + (b + c),\ (ab)c = a(bc)$

〔例〕$(2 + 3) + 4 = 2 + (3 + 4),\ (2 \times 3) \times 4 = 2 \times (3 \times 4)$

(3) 分配法則：$a(b + c) = ab + ac,\ (b + c)a = ba + ca$

〔例〕$4(1 + 3) = 4 \times 1 + 4 \times 3,\ (4 + 2) \times 3 = 4 \times 3 + 2 \times 3$

■ 分数の計算

(1) 足し算：$\dfrac{a}{c} + \dfrac{b}{c} = \dfrac{a + b}{c}$ 〔例〕$\dfrac{1}{4} + \dfrac{2}{4} = \dfrac{1 + 2}{4} = \dfrac{3}{4}$

$\dfrac{a}{b} + \dfrac{c}{d} = \dfrac{ad + cb}{bd}$ 〔例〕$\dfrac{1}{3} + \dfrac{1}{6} = \dfrac{6 + 3}{18} = \dfrac{9}{18} = \dfrac{1}{2}$

(2) 引き算：$\dfrac{a}{c} - \dfrac{b}{c} = \dfrac{a - b}{c}$ 〔例〕$\dfrac{2}{3} - \dfrac{1}{3} = \dfrac{2 - 1}{3} = \dfrac{1}{3}$

$\dfrac{a}{b} - \dfrac{c}{d} = \dfrac{ad - cb}{bd}$ 〔例〕$\dfrac{1}{3} - \dfrac{1}{6} = \dfrac{6 - 3}{18} = \dfrac{3}{18} = \dfrac{1}{6}$

(3) 掛け算：$\dfrac{a}{b} \times \dfrac{c}{d} = \dfrac{ac}{bd}$ 〔例〕$\dfrac{1}{2} \times \dfrac{2}{3} = \dfrac{2}{6} = \dfrac{1}{3}$

(4) 割り算：$\dfrac{a}{b} \div \dfrac{c}{d} = \dfrac{a}{b} \times \dfrac{d}{c} = \dfrac{ad}{bc}$ 〔例〕$\dfrac{1}{2} \div \dfrac{2}{3} = \dfrac{1}{2} \times \dfrac{3}{2} = \dfrac{3}{4}$

(5) 比例計算：$\dfrac{a}{b} = \dfrac{c}{d}$ ならば，$ad = bc$

〔例〕$\dfrac{3}{5} = \dfrac{6}{x}$ ならば，$3 \times x = 5 \times 6$，$\therefore\ x = \dfrac{30}{3} = 10$

■ 乗法公式

(1) $(a + b)^2 = a^2 + 2ab + b^2$

(2) $(a - b)^2 = a^2 - 2ab + b^2$

(3) $(a + b)(a - b) = a^2 - b^2$

■ 三角関数

$\sin \theta = \dfrac{b}{c}$

$\cos \theta = \dfrac{a}{c}$

$\tan \theta = \dfrac{b}{a}$

$\sec \theta = \dfrac{1}{\cos \theta} = \dfrac{c}{a}$

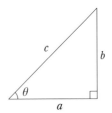

$a^2 + b^2 = c^2$ （ピタゴラスの定理）

■ 平方根の計算

2乗すると a になる数 x, すなわち $x^2 = a$ を満たす x を a の平方根（又は2乗根）という.

$a > 0$, $b > 0$, $k > 0$ のとき，次式が成立する.

$(\sqrt{a})^2 = a,\quad \sqrt{a^2} = a,\quad \sqrt{a}\,\sqrt{b} = \sqrt{ab},\quad \dfrac{\sqrt{a}}{\sqrt{b}} = \sqrt{\dfrac{a}{b}},\quad \sqrt{k^2 a} = k\sqrt{a},$

$\dfrac{1}{\sqrt{a}} = \dfrac{\sqrt{a}}{\sqrt{a}\,\sqrt{a}} = \dfrac{\sqrt{a}}{a}$

〔例〕

(1) 25の平方根は $+5$ と -5

(2) $\sqrt{225} = \sqrt{15^2} = 15$

(3) $-\sqrt{256} = -\sqrt{16^2} = -16$

(4) $\dfrac{100}{\sqrt{2}} = \dfrac{100 \times \sqrt{2}}{\sqrt{2} \times \sqrt{2}} = \dfrac{100\sqrt{2}}{2} = 50\sqrt{2}$

■ 指数の計算

(1) $a^m a^n = a^{m+n}$ 〔例〕 $10^3 10^5 = 10^{3+5} = 10^8$

(2) $(a^m)^n = a^{mn}$ 〔例〕 $(2^3)^2 = 2^6 = 64,\quad 9^{1.5} = (3^2)^{1.5} = 3^3 = 27$

(3) $(ab)^n = a^n b^n$ 〔例〕 $(2 \times 4)^2 = 2^2 \times 4^2 = 4 \times 16 = 64$

(4) $a^{-n} = \dfrac{1}{a^n}$ 〔例〕 $10^{-3} = \dfrac{1}{10^3}$

(5) $a^0 = 1$ 〔例〕 $3^0 + 2^{-2} = 1 + \dfrac{1}{2^2} = 1 + \dfrac{1}{4} = \dfrac{5}{4}$

■ 対数の計算

$a > 0$, $a \neq 1$ のとき, $y = \log_a x$ を対数関数という. a を底, $x \, (> 0)$ を真数という.

$a = 10$ の対数を常用対数という.

(1) $y = \log_a x \quad \Leftrightarrow \quad x = a^y$

(2) $\log_{10} x^n = n \log_{10} x$

(3) $\log_{10} xy = \log_{10} x + \log_{10} y$

(4) $\log_{10} \dfrac{x}{y} = \log_{10} x - \log_{10} y$

〔例〕

(1) $\log_{10} 1 = 0$

(2) $\log_{10} 10 = 1$

(3) $\log_{10} 100 = \log_{10} 10^2 = 2 \log_{10} 10 = 2$

(4) $\log_{10} 6 = \log_{10}(2 \times 3) = \log_{10} 2 + \log_{10} 3 = 0.3 + 0.48 = 0.78$

(5) $\log_{10} 5 = \log_{10} \dfrac{10}{2} = \log_{10} 10 - \log_{10} 2 = 1 - 0.3 = 0.7$

(6) $\log_{10} 2 = 0.3$ を覚えていれば, $10^{0.3} = 2$ となり, 次のような計算ができる.

(a) $10^{0.6} = 10^{(0.3 + 0.3)} = 10^{0.3} \times 10^{0.3} = 2 \times 2 = 4$

（または, $10^{0.6} = (10^{0.3})^2 = 2^2 = 4$）

(b) $10^{0.9} = (10^{0.3})^3 = 2^3 = 8$

(c) $10^{1.7} = 10^{(2 - 0.3)} = 10^2 \times 10^{-0.3} = \dfrac{10^2}{10^{0.3}} = \dfrac{100}{2} = 50$

(d) $10^{2.6} = 10^{(2 + 0.3 + 0.3)} = 10^2 \times 10^{0.3} \times 10^{0.3} = 100 \times 2 \times 2 = 400$

■ **複素数**

2乗して−1になる数として，虚数単位 j が定義されており，$j^2 = -1$である．虚数について次式が成立する．

$$1 \times j = j, \quad j \times j = j^2 = -1, \quad j^3 = j^2 \times j = -j, \quad j^4 = j^2 \times j^2 = 1$$

横軸を実軸，縦軸を虚軸にとると，j は90°ずつ角度を反時計方向に進めるものであることがわかる．

a, b を実数としたとき，$\dot{c} = a + jb$ を複素数という．a を実部，b を虚部という．$\dot{c} = a + jb$ は複素平面上の1点として表され，原点Oと点 $\dot{c}$ を結ぶベクトルを複素ベクトルという．

このベクトルの大きさ $r = |\dot{c}|$ を絶対値といい，実軸との角度 θ を偏角という．偏角は反時計回りの角度を正，時計回りの角度を負で表し，$r = |\dot{c}| = \sqrt{a^2 + b^2}$ となる．

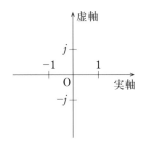

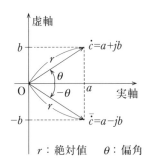

r：絶対値　　θ：偏角

〔例〕

(1) $(1 + j2) - (3 - j4) = (1 - 3) + j(2 + 4) = -2 + j6$

(2) $(1 + j2)(3 - j4) = 3 - j4 + j6 + 8 = 11 + j2$

(3) $\dfrac{10}{1 + j1} = \dfrac{10(1 - j1)}{(1 + j1)(1 - j1)} = \dfrac{10(1 - j1)}{2} = 5(1 - j1)$

(4) $\dfrac{3}{j1} = \dfrac{3}{j1} \times \dfrac{j}{j} = -j3$

■ dB

電力増幅度を A_p（真数）とすると，dB表示は，$10 \log_{10} A_p$〔dB〕

電圧増幅度を A_v（真数）とすると，dB表示は，$20 \log_{10} A_v$〔dB〕

比	1/2	1	2	3	4	5	10	20	100
電力〔dB〕	-3	0	3	4.8	6	7	10	13	20
電圧〔dB〕	-6	0	6	9.6	12	14	20	26	40

比：$\dfrac{出力電力}{入力電力}$，または，$\dfrac{出力電圧}{入力電圧}$ を表す．

電力〔dB〕：$\dfrac{出力電力}{入力電力}$ を〔dB〕表示した値を表す．

電圧〔dB〕：$\dfrac{出力電圧}{入力電圧}$ を〔dB〕表示した値を表す．

【著者紹介】

吉村和昭（よしむら・かずあき）　博士（工学）

　　学　歴　東京商船大学大学院博士後期課程修了
　　職　歴　東京工業高等専門学校
　　　　　　桐蔭学園工業高等専門学校
　　　　　　桐蔭横浜大学工学部電子情報工学科
　　　　　　芝浦工業大学工学部電子工学科・機械工学科（非常勤）
　　　　　　国士舘大学理工学部電子情報学系（非常勤）
　　　　　　総務省認定　無線従事者養成課程講習会講師
　　　　　　（株）QCQ 企画主催「一アマ」国家試験　直前対策講習会講師

　　　　　　第一級アマチュア無線技士
　　　　　　第一級総合無線通信士
　　　　　　第一級陸上無線技術士

第一級陸上特殊無線技士国家試験
計算問題突破塾 第 2 集

2020 年 9 月 20 日　第 1 版 1 刷発行　　　ISBN 978-4-501-33410-9 C3055
2022 年 5 月 20 日　第 1 版 2 刷発行

著　者　吉村和昭
　　　　© Yoshimura Kazuaki 2020

発行所　学校法人 東京電機大学　〒120-8551　東京都足立区千住旭町 5 番
　　　　東京電機大学出版局　Tel. 03-5284-5386（営業）03-5284-5385（編集）
　　　　　　　　　　　　　　Fax. 03-5284-5387 振替口座 00160-5-71715
　　　　　　　　　　　　　　https://www.tdupress.jp/

編集：（株）QCQ 企画　　組版：徳保企画
キャラクターデザイン：いちはらまなみ
印刷：三美印刷（株）　　製本：誠製本（株）　　装丁：齋藤由美子
落丁・乱丁本はお取り替えいたします。　　　　　　　　Printed in Japan